なんて
こった

絶滅どうぶつ図鑑

拝啓　人類さま　ぼくたちぜつめつしました

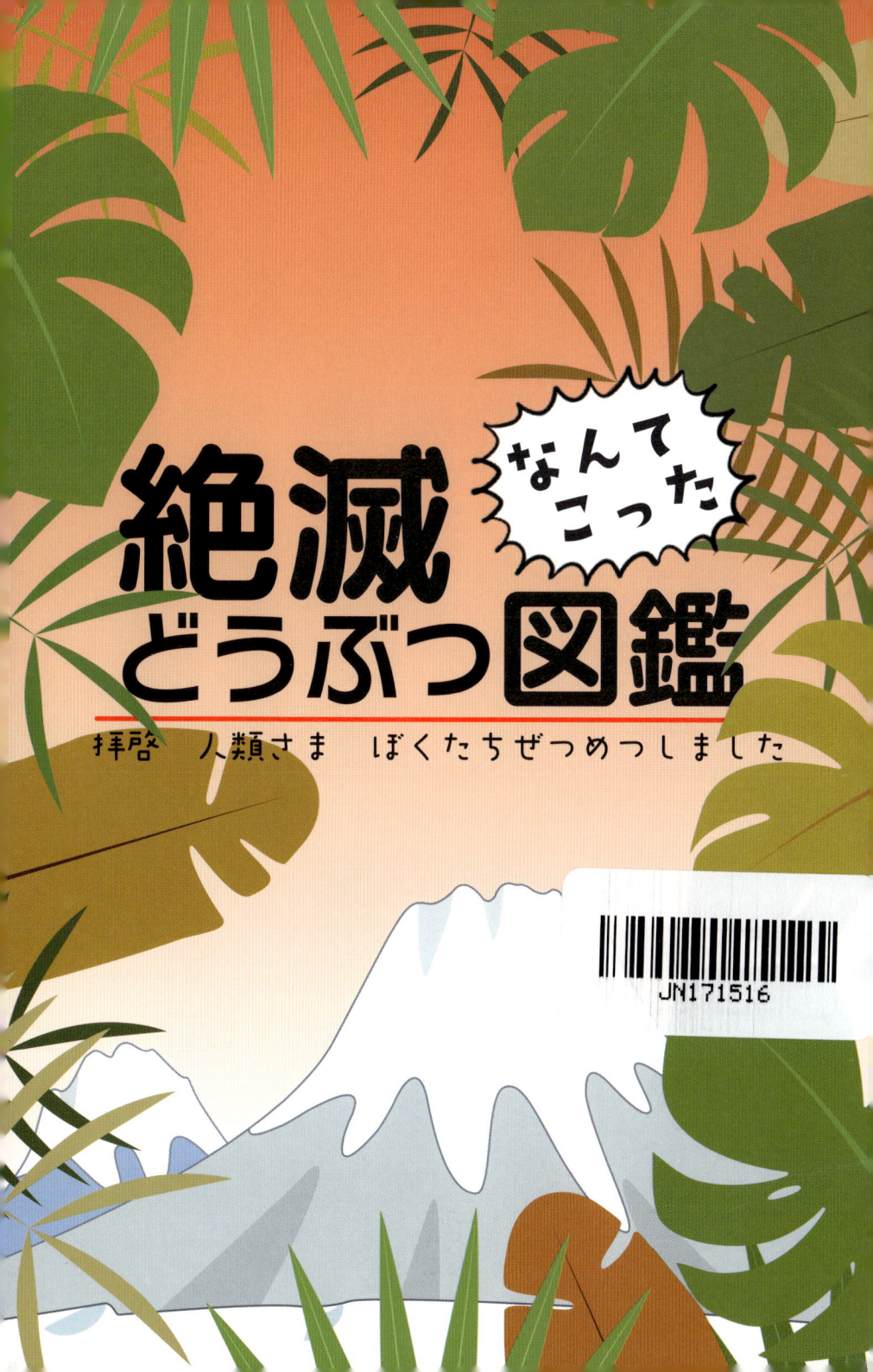

もくじ

あれ〜〜

のせてって〜
ウワーッ

すまんね

どしがたい
カリブ
文句
アザラシ

のし
のし

イェーイ

と〜った
ぐったり

イヤァア
ヒィィイ

なにがでるかな
福袋
フクブクロオオカミ

この本《ほん》の読《よ》み方《かた》

オモテ

各章《かくしょう》の扉《とびら》の裏《うら》では、その時代《じだい》がどのような気候《きこう》でどのような動植《どうしょく》物《ぶつ》がいたかを解説《かいせつ》しています。

種名《しゅめい》、学名《がくめい》を掲載《けいさい》しています。

その種《しゅ》が生《い》きた、または絶滅《ぜつめつ》した時代《じだい》を表《あらわ》しています。

ウラ

裏《うら》ページはその動物《どうぶつ》にまつわる話題《わだい》などです。なんてこったと言《い》いたくなるお話《はなし》があるかも…！？

分類《ぶんるい》、全長《ぜんちょう》、推定体重《すいていたいじゅう》、生息域《せいそくいき》、絶滅《ぜつめつ》した時代《じだい》などの基本《きほん》データと、豆知識《まめちしき》です。実際《じっさい》の大《おお》きさを想像《そうぞう》してみてください。

●1P掲載《けいさい》のものは…

種名《しゅめい》、分類《ぶんるい》や全長《ぜんちょう》、推定体重《すいていたいじゅう》、生息域《せいそくいき》、絶滅《ぜつめつ》した年《とし》などの基本《きほん》データです。

その動物《どうぶつ》の生態《せいたい》や、研究《けんきゅう》の結果《けっか》わかったことなどを解説《かいせつ》しています。

地球《ちきゅう》の歴史《れきし》と生物《せいぶつ》の変遷《へんせん》

いく よ～
ここほれ ワンワン

本書《ほんしょ》に登場《とうじょう》する動物《どうぶつ》たちは、現在《げんざい》では生《い》きている姿《すがた》を見《み》ることはできません。はるか昔《むかし》に生《い》きていた動物《どうぶつ》たちの痕跡《こんせき》は、**化石《かせき》**などから知《し》ることができます。

地層《ちそう》のなかから発見《はっけん》された化石《かせき》の年代《ねんだい》をもとに区分《くわ》けした時代《じだい》を**地質時代《ちしつじだい》**といいます。ここでは、地球《ちきゅう》が誕生《たんじょう》し、先《せん》カンブリア時代《じだい》に生命《せいめい》が生《う》まれてからの時代《じだい》の区分《くぶん》と、生物《せいぶつ》がどの時代《じだい》に現《あらわ》れ進化《しんか》していったかを、簡単《かんたん》に見《み》ていきましょう。

代	時代	紀	出来事	年代
				現在《げんざい》
新生代《しんせいだい》	哺《ほ》乳《にゅう》類《るい》の時《じ》代《だい》	第四紀《だいよんき》	…ヒトの出現《しゅつげん》、人類《じんるい》の時代《じだい》	
		新第三紀《しんだいさんき》	…ヒトの祖先《そせん》の誕生《たんじょう》、哺乳類《ほにゅうるい》の多様化《たようか》	
		古第三紀《こだいさんき》	…巨大《きょだい》な哺乳類《ほにゅうるい》の出現《しゅつげん》	約《やく》6600万年前《まんねんまえ》
中生代《ちゅうせいだい》	爬《は》虫《ちゅう》類《るい》の時《じ》代《だい》	白亜紀《はくあき》	…恐竜《きょうりゅう》などの大型《おおがた》爬虫類《はちゅうるい》、アンモナイト全盛《ぜんせい》の時代《じだい》	
		ジュラ紀《き》		
		三畳紀《さんじょうき》	…恐竜《きょうりゅう》の出現《しゅつげん》、哺乳類《ほにゅうるい》の祖先《そせん》の出現《しゅつげん》	約《やく》2億《おく》5100万年前《まんねんまえ》
古生代《こせいだい》	両《りょう》生《せい》類《るい》の時《じ》代《だい》	ペルム紀《き》	…史上最大《しじょうさいだい》の大量絶滅《たいりょうぜつめつ》（→ p.124）	
		石炭紀《せきたんき》	…巨大《きょだい》なシダ植物《しょくぶつ》の大森林《だいしんりん》が形成《けいせい》	
	魚《ぎょ》類《るい》の時《じ》代《だい》	デボン紀《き》	…魚類《ぎょるい》の繁栄《はんえい》、両生類《りょうせいるい》の出現《しゅつげん》	
		シルル紀《き》	…陸上植物《りくじょうしょくぶつ》の出現《しゅつげん》	
	無《む》脊《せき》椎《つい》動《どう》物《ぶつ》の時《じ》代《だい》	オルドビス紀《き》	…魚類《ぎょるい》の登場《とうじょう》、オゾン層《そう》の形成《けいせい》、生物《せいぶつ》の陸上進出《りくじょうしんしゅつ》	
		カンブリア紀《き》	…カンブリア大爆発《だいばくはつ》、多様《たよう》な生物《せいぶつ》の出現《しゅつげん》	約《やく》5億《おく》4200万年前《まんねんまえ》
先《せん》カンブリア時代《じだい》			…地球《ちきゅう》の誕生《たんじょう》、原始生命《げんしせいめい》の誕生《たんじょう》	約《やく》46億年前《おくねんまえ》

新生代《しんせいだい》とは？

本書《ほんしょ》では、6600万年前《まんねんまえ》から現代《げんだい》までの**新生代《しんせいだい》**に生《い》きていた動物《どうぶつ》を紹介《しょうかい》しています。新生代《しんせいだい》は右図《うず》のようにさらに細《こま》かく分《わ》けられます。

代	紀		世	年代
				現在《げんざい》
新生代《しんせいだい》	第四紀《だいよんき》		完新世《かんしんせい》	1万年前《まんねんまえ》
			更新世《こうしんせい》	258万年前《まんねんまえ》
	第三紀《だいさんき》	新第三紀《しんだいさんき》	鮮新世《せんしんせい》	530万年前《まんねんまえ》
			中新世《ちゅうしんせい》	2300万年前《まんねんまえ》
		古第三紀《こだいさんき》	漸新世《ぜんしんせい》	3400万年前《まんねんまえ》
			始新世《ししんせい》	5600万年前《まんねんまえ》
			暁新世《ぎょうしんせい》	6600万年前《まんねんまえ》

新《しん》 ↑ 古《こ》

そもそも絶滅《ぜつめつ》って？

絶滅《ぜつめつ》とは、一《ひと》つの生物種《せいぶつしゅ》の個体《こたい》がすべて死《し》んでしまうことを指《さ》します。絶滅《ぜつめつ》の定義《ていぎ》を、IUCN（国際自然保護連合《こくさいしぜんほごれんごう》）では「**徹底調査《てっていちょうさ》でも一個体《いちこたい》も発見《はっけん》できなかったとき**」と定《さだ》めており、日本《にほん》の環境省《かんきょうしょう》では、「**過去《かこ》50年前後《ねんぜんご》の間《あいだ》に信頼《しんらい》できる生息《せいそく》の情報《じょうほう》が得《え》られていない**」ことと定《さだ》めています。

どうして絶滅《ぜつめつ》する？　その原因《げんいん》は？

地球上《ちきゅうじょう》に現《あらわ》れた多《おお》くの動物《どうぶつ》たちは、**さまざまな原因《げんいん》によって絶滅《ぜつめつ》し、進化《しんか》を繰《く》り返《かえ》して**きました。今日《こんにち》では存在《そんざい》していない動物《どうぶつ》が絶滅《ぜつめつ》した原因《げんいん》には次《つぎ》のようなものがあります。

ケース１　環境《かんきょう》の変化《へんか》

地球《ちきゅう》の長《なが》い歴史《れきし》では、過去《かこ》に何度《なんど》もいん石《せき》の衝突《しょうとつ》や火山《かざん》の噴火《ふんか》、大陸《たいりく》が移動《いどう》したことなどによる**急激《きゅうげき》な環境《かんきょう》の変化《へんか》**が起《お》こっています。例《たと》えば、火山《かざん》の噴火《ふんか》で噴《ふん》出《しゅつ》した火山灰《かざんばい》により大気《たいき》が覆《おお》われることに伴《ともな》い**気温《きおん》が急激《きゅうげき》に低下《ていか》**すると、草食動《そうしょくどう》物《ぶつ》の食物《しょくもつ》である植物《しょくぶつ》が生《い》きられなくなり、食物《しょくもつ》を失《うしな》った草食動物《そうしょくどうぶつ》が激減《げきげん》し、草食《そうしょく》動物《どうぶつ》を食《た》べていた肉食動物《にくしょくどうぶつ》も食物《しょくもつ》を失《うしな》って絶滅《ぜつめつ》します。

ケース２　進化《しんか》の影響《えいきょう》

動物《どうぶつ》が進化《しんか》する過程《かてい》において、さまざまな動物《どうぶつ》がいることからもわかるように、進化《しんか》には方向性《ほうこうせい》はありません。偶然《ぐうぜん》その**環境《かんきょう》に適応《てきおう》して生《い》き残《のこ》ったものは今日《こんにち》まで命《いのち》を繋《つな》げ、環境《かんきょう》に適応《てきおう》できなかったものは絶滅《ぜつめつ》**してきました。

ケース３　人類《じんるい》による影響《えいきょう》

人類《じんるい》が登場《とうじょう》するまでは、環境《かんきょう》の変化《へんか》などによって多《おお》くの動物《どうぶつ》が絶滅《ぜつめつ》してきました。しかし、**人類《じんるい》が登場《とうじょう》し、人間活動《にんげんかつどう》が盛《さか》んになる**につれ、自然破《しぜんは》壊《かい》や環境汚染《かんきょうおせん》も深刻《しんこく》になり、**生息場所《せいそくばしょ》を失《うしな》ったり**、密猟《みつりょう》によって**乱獲《らんかく》**されたり、家畜《かちく》を襲《おそ》うなどの理《り》由《ゆう》で**駆除《くじょ》**の対象《たいしょう》となったりして絶滅《ぜつめつ》してしまった動物《どうぶつ》は非常《ひじょう》に多《おお》くなっています。

人類《じんるい》の影響《えいきょう》により生物《せいぶつ》が絶滅《ぜつめつ》するしくみ

一般《いっぱん》に、生物《せいぶつ》が絶滅《ぜつめつ》する原因《げんいん》はひとつだけではありません。個体《こたい》の数《かず》を減《へ》らすようなさまざまな要因《よういん》が重《かさ》なり合《あ》って個体《こたい》の数《かず》がどんどん減《へ》っていき、絶滅《ぜつめつ》が起《お》こると考《かんが》えられています。このような現象《げんしょう》を**絶滅《ぜつめつ》の渦《うず》**といいます。

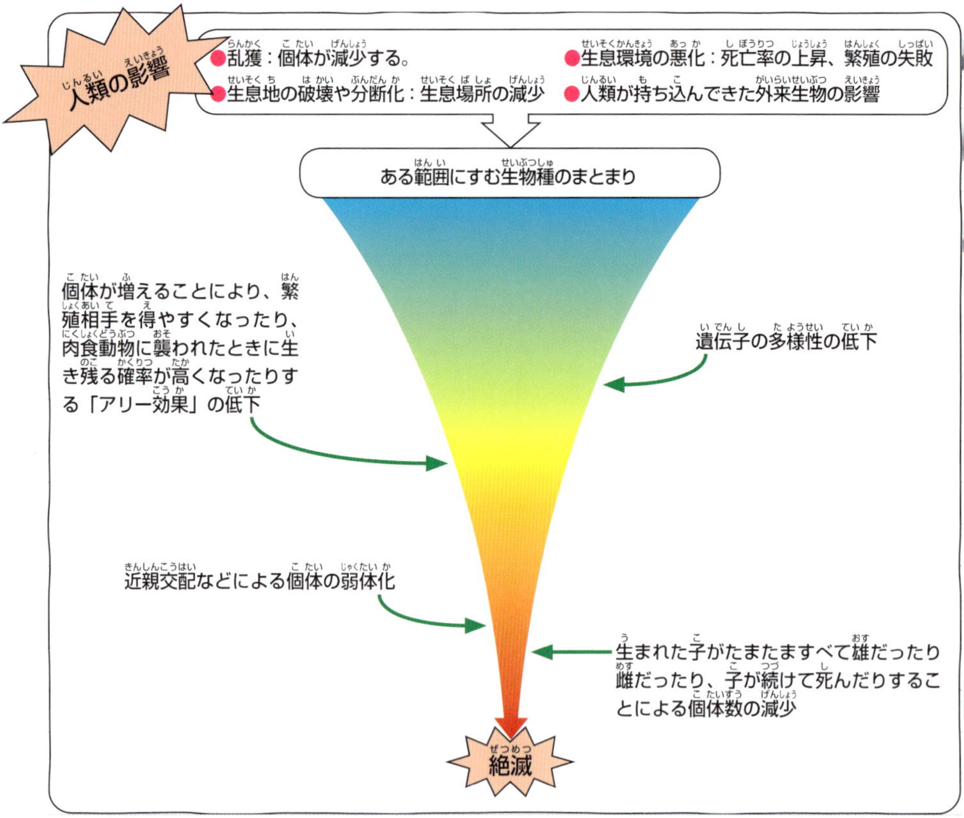
人類《じんるい》の影響《えいきょう》
●乱獲《らんかく》：個体《こたい》が減少《げんしょう》する。
●生息地《せいそくち》の破壊《はかい》や分断化《ぶんだんか》：生息場所《せいそくばしょ》の減少《げんしょう》
●生息環境《せいそくかんきょう》の悪化《あっか》：死亡率《しぼうりつ》の上昇《じょうしょう》、繁殖《はんしょく》の失敗《しっぱい》
●人類《じんるい》が持《も》ち込《こ》んできた外来生物《がいらいせいぶつ》の影響《えいきょう》
ある範囲《はんい》にすむ生物種《せいぶつしゅ》のまとまり
個体《こたい》が増《ふ》えることにより、繁《はん》殖相手《しょくあいて》を得《え》やすくなったり、肉食動物《にくしょくどうぶつ》に襲《おそ》われたときに生《い》き残《のこ》る確率《かくりつ》が高《たか》くなったりする「アリー効果《こうか》」の低下《ていか》
遺伝子《いでんし》の多様性《たようせい》の低下《ていか》
近親交配《きんしんこうはい》などによる個体《こたい》の弱体化《じゃくたいか》
生《う》まれた子《こ》がたまたますべて雄《おす》だったり雌《めす》だったり、子《こ》が続《つづ》けて死《し》んだりすることによる個体数《こたいすう》の減少《げんしょう》
絶滅《ぜつめつ》

生物《せいぶつ》が絶滅《ぜつめつ》することの何《なに》が問題《もんだい》なの？

私《わたし》たちは、**食料《しょくりょう》**や**衣料品《いりょうひん》**、**医薬品《いやくひん》**など、身《み》のまわりの多《おお》くのものに**自然《しぜん》の恵《めぐ》み**を受《う》けて暮《く》らしています。動物《どうぶつ》の絶滅《ぜつめつ》は、それらの**資源《しげん》を失《うしな》う**ことに直結《ちょっけつ》します。また、長《なが》い時間《じかん》をかけて進化《しんか》してきた生物《せいぶつ》を、人類《じんるい》の都合《つごう》で絶滅《ぜつめつ》させてしまうのはあまりに人間本位《にんげんほんい》ともいえるでしょう。地球《ちきゅう》の生物《せいぶつ》の一員《いちいん》として、**他《た》の生物《せいぶつ》を尊重《そんちょう》し共生《きょうせい》していくこと**が、これからの人類《じんるい》の責務《せきむ》ではないでしょうか。

NOぜつめつ
カカポ

PART 1

新生代古第三紀《しんせいだいこだいさんき》

6600万年前《まんねんまえ》～2300万年前《まんねんまえ》

新生代新第三紀《しんせいだいしんだいさんき》

2300万年前《まんねんまえ》～258万年前《まんねんまえ》

～新生代《しんせいだい》古第三紀《こだいさんき》・新第三紀《しんだいさんき》はこんな時代《じだい》～

●新生代《しんせいだい》古第三紀《こだいさんき》

期間《きかん》	6600 万年前《まんねんまえ》～ 2300 万年前《まんねんまえ》
気候《きこう》	中生代《ちゅうせいだい》からの穏《おだ》やかな気候《きこう》が続《つづ》いていた。
主《おも》な 動物《どうぶつ》	・小型《こがた》の原始的《げんしてき》な哺乳類《ほにゅうるい》が多様《たよう》になり、現在《げんざい》のほぼすべての哺乳《ほにゅう》類《るい》の直接的《ちょくせつてき》な祖先《そせん》が出現《しゅつげん》した。 ・現在《げんざい》は絶滅《ぜつめつ》してしまった肉食《にくしょく》の巨大鳥類《きょだいちょうるい》が食物連鎖《しょくもつれんさ》の頂点《ちょうてん》に立《た》っていた。
主《おも》な 植物《しょくぶつ》	・大型《おおがた》の被子植物《ひししょくぶつ》が多《おお》く出現《しゅつげん》し、熱帯《ねったい》の植物《しょくぶつ》が世界中《せかいじゅう》で広《ひろ》く見《み》られるようになった。 ・昆虫《こんちゅう》に花粉《かふん》を運《はこ》んでもらう虫媒花《ちゅうばいか》が多《おお》く見《み》られるようになり、イネ科植物《かしょくぶつ》なども増《ふ》えた時期《じき》でもある。

●新生代新第三紀《しんせいだいしんだいさんき》

期間《きかん》	2300 万年前《まんねんまえ》～ 258 万年前《まんねんまえ》
気候《きこう》	後半《こうはん》には乾燥《かんそう》・寒冷化《かんれいか》が進《すす》み、南極《なんきょく》では陸地全体《りくちぜんたい》を氷河《ひょうが》が覆《おお》い、新第三紀鮮新世末《しんだいさんきせんしんせいまつ》には氷河期《ひょうがき》を迎《むか》えた。
主《おも》な 動物《どうぶつ》	サイやウマなどの奇蹄類《きているい》、ラクダなどの偶蹄類《ぐうているい》といった哺乳類《ほにゅうるい》が生息《せいそく》していた。
主《おも》な 植物《しょくぶつ》	・古第三紀《こだいさんき》に世界中《せかいじゅう》で広《ひろ》く見《み》られた熱帯《ねったい》の植物《しょくぶつ》は、地球《ちきゅう》の寒冷化《かんれいか》に伴《ともな》って、現在《げんざい》の熱帯《ねったい》や亜熱帯《あねったい》まで生息範囲《せいそくはんい》を狭《せば》めた。 ・北半球《きたはんきゅう》の寒帯《かんたい》では落葉樹《らくようじゅ》が、南半球《みなみはんきゅう》ではブナ科《か》が主体《しゅたい》の森林《しんりん》となり、また、乾燥化《かんそうか》に伴《ともな》って主《おも》にイネ科植物《かしょくぶつ》からなる草原《そうげん》が広《ひろ》がっていた。

あしは短《みじか》し泳《およ》げよクジラ

アンブロケトゥス

〈*Ambulocetus*〉

大地《だいち》を歩《ある》いた太古《たいこ》のクジラ

学名《がくめい》は「歩《ある》くクジラ」

スゲ～

力強《ちからづよ》いしっぽをもつ！

全長《ぜんちょう》は4mにも達《たっ》したという

水中生活《すいちゅうせいかつ》にも適応《てきおう》するとともに陸上歩行《りくじょうほこう》も可能《かのう》だった！

ウワーッ

四肢《しし》は短《みじか》めで水《みず》かきがある

長《なが》く突《つ》き出《だ》した口《くち》

海《うみ》では背中《せなか》を上下《じょうげ》に波状《なみじょう》に動《うご》かし
あしをばたつかせて泳《およ》いだ

スイ～ム
イヤァァア

「毛《け》の生《は》えたワニ」のような見《み》た目《め》

ワニ
なに見《み》てる
アンブロケトゥス

体《からだ》の大半《たいはん》を水中《すいちゅう》に沈《しず》めたまま
ワニのように水面《すいめん》の様子《ようす》を
うかがうことができたかも…

待《ま》ち伏《ぶ》せ戦法《せんぽう》

……
ぱちゃ
ぱちゃ
グワーッ

陸上《りくじょう》ではトドやアシカのように
あしを前後《ぜんご》に伸《の》ばしたり縮《ちぢ》めたり
しながら歩《ある》いたという

ついてきな…
ムリ～

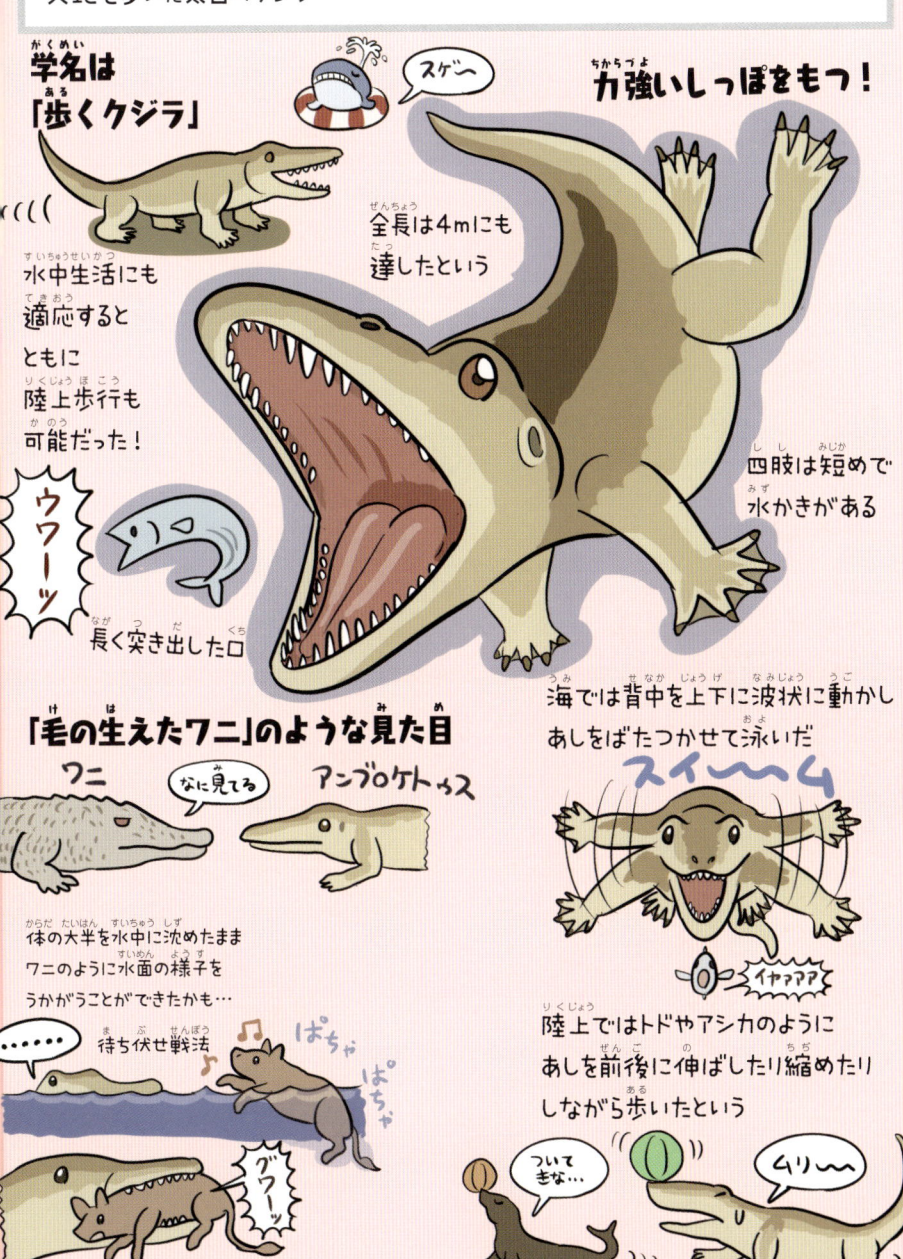

バック・トゥ・ザ・オーシャン

クジラがどのように海《うみ》に進出《しんしゅつ》したのかは生物学《せいぶつがく》における最大級《さいだいきゅう》の謎《なぞ》だった……。

足跡《あしあと》は
海《うみ》へと…
ウ〜ン

しかし、ここ数十年《すうじゅうねん》で5500万《まん》～3400万年前《まんねんまえ》の地層《ちそう》からクジラの化石《かせき》が見つかったことで謎《なぞ》が解明《かいめい》されつつある。

この時代《じだい》は原始的《げんしてき》なクジラが陸《りく》から海《うみ》へと移動《いどう》した時期《じき》にあたる。

この時期《じき》に広《ひろ》がっていた浅《あさ》い海《うみ》は暖《あたた》かく食物《しょくもつ》が豊富《ほうふ》であり、また、恐竜時代《きょうりゅうじだい》に海《うみ》を支配《しはい》していたプレシオサウルスやモササウルスや大型爬虫類《おおがたはちゅうるい》が絶滅《ぜつめつ》した後《あと》だったため、大型捕食者《おおがたほしょくしゃ》の席《せき》がぽっかりと空《あ》いた海《うみ》で暮《く》らす哺乳類《ほにゅうるい》にとっては絶好《ぜっこう》のシチュエーションだった。

追悼《ついとう》…
むねん
猛者《モサ》サウルス
チャーンス
不謹慎《ふきんしん》
アンブロケトゥス

アンブロケトゥスはクジラ類《るい》の進化《しんか》の「鍵《かぎ》」を握《にぎ》る！

なぜなら、この種《しゅ》の化石《かせき》の発見地《はっけんち》の近《ちか》くでは海《うみ》の巻貝《まきがい》と陸《りく》の哺乳類《ほにゅうるい》の化石《かせき》のどちらも発見《はっけん》されているからだ。この種《しゅ》が海水域《かいすいいき》と淡水域《たんすいいき》を生活《せいかつ》の場《ば》にしていたといえる。

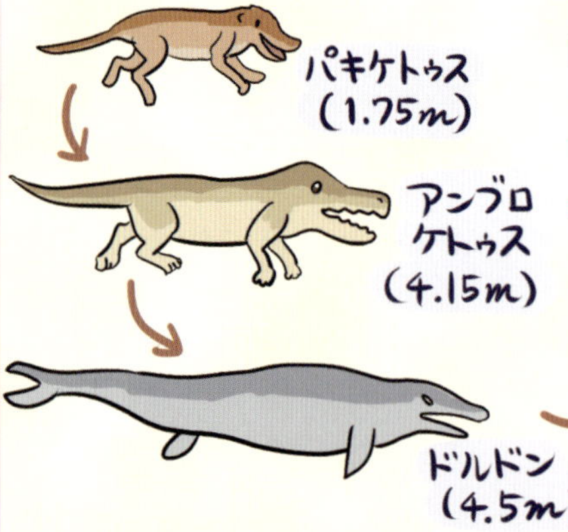
パキケトゥス
(1.75m)
アンブロケトゥス
(4.15m)
ドルドン
(4.5m)

陸上《りくじょう》で進化《しんか》を遂《と》げ再《ふたた》び海《うみ》へ戻《もど》る……。そんなスケールの大《おお》きな旅《たび》の果《は》てに「クジラ」という極《きわ》めて特殊《とくしゅ》な哺乳類《ほにゅうるい》が生《う》まれた！

時《とき》は流《なが》れ…
ザトウクジラ
13〜16m

ワニ
なめんなよ

ちなみに海《うみ》と淡水域《たんすいいき》にとどまったアンブロケトゥスのなかまはよく似《に》た生態《せいたい》をもつワニとの競合《きょうごう》に敗《やぶ》れ絶滅《ぜつめつ》したという説《せつ》も……。

分　類《ぶんるい》：哺乳綱鯨偶蹄目《ほにゅうこうげいぐうていもく》アンブロケトゥス科《か》　全　長《ぜんちょう》：4m
推定体重《すいていたいじゅう》：不明《ふめい》　生息域《せいそくいき》：現在《げんざい》のパキスタン、インド地域《ちいき》
絶　滅《ぜつめつ》：約《やく》4900万年前《まんねんまえ》（古第三紀始新世初期《こだいさんきししんせいしょき》）
備　考《びこう》：外耳《がいじ》（耳《みみ》の、音《おと》を集《あつ》めるはたらきをする部位《ぶい》）がなく、陸上《りくじょう》では少《すこ》し不便《ふべん》だった…かもしれないと考《かんが》えられている。

おそるべき鳥《とり》！？

ガストルニス

〈Gastornis〉

恐竜《きょうりゅう》の後釜《あとがま》を継《つ》ぐパワフルな鳥《とり》だったが…!?

地上《ちじょう》で生活《せいかつ》していた巨大《きょだい》な鳥《とり》！

「**ディアトリマ**」という名《な》でも知《し》られる

体長《たいちょう》は2m以上《いじょう》！

翼《つばさ》は非常《ひじょう》に小《ちい》さく

飛《と》ぶことはできなかった

大《おお》きなくちばしが

最大《さいだい》の特徴《とくちょう》！

動物《どうぶつ》を捕食《ほしょく》する

肉食性《にくしょくせい》だと

考《かんが》えられてきた…

強靭《きょうじん》な両《りょう》あしで

素早《すばや》く走《はし》る！

だがくちばしの先端《せんたん》が

鋭《するど》く尖《とが》っていないので

「実《じつ》は植物《しょくぶつ》を食《た》べていた？」という説《せつ》も

2012年《ねん》に

大《おお》きさ15cmほどの

足跡《あしあと》の化石《かせき》が

発見《はっけん》された

過去《かこ》には

30cmの

化石《かせき》も！

仁義《じんぎ》なき戦《たたか》い　新生代死闘編《しんせいだいしとうへん》

6500万年前《まんねんまえ》、白亜紀末《はくあきまつ》の大量絶滅《たいりょうぜつめつ》を乗《の》り越《こ》えたのが鳥類《ちょうるい》である。

鳥類《ちょうるい》は大量絶滅《たいりょうぜつめつ》の直後《ちょくご》に多様化《たようか》を開始《かいし》し、その時期《じき》にほとんどの現生《げんせい》グループがすぐに出揃《でそろ》ったのだ。
翼竜《よくりゅう》と争《あらそ》っていた鳥類《ちょうるい》が空《そら》を支配《しはい》した……。
そして陸《りく》の生態系《せいたいけい》では「強力《きょうりょく》な肉食動物《にくしょくどうぶつ》」という地位《ちい》が空《あ》いた。

なんと鳥類《ちょうるい》は空《そら》だけではなく、地上《ちじょう》の支配《しはい》も一時期《いちじき》は哺乳類《ほにゅうるい》と争《あらそ》うほどだったという。

ガストルニスはそんな強大《きょうだい》な鳥類《ちょうるい》、恐鳥類《きょうちょうるい》の一種《いっしゅ》だった。

だが肉食哺乳類《にくしょくほにゅうるい》の躍進《やくしん》によって卵《たまご》を食《た》べられてしまったり、獲物《えもの》の奪《うば》い合《あ》いに負《ま》けてしまったりしたことで、ガストルニスなどの恐鳥類《きょうちょうるい》は姿《すがた》を消《け》していったという。

もしガストルニスたちが地上《ちじょう》の覇権争《はけんあらそ》いに勝《か》っていたら、
現在《げんざい》のサバンナの風景《ふうけい》は違《ちが》うものになっていたかもしれない……。

分《ぶん》　類《るい》：鳥綱《ちょうこう》キジカモ目《もく》ガストルニス科《か》
全《ぜん》　長《ちょう》：約《やく》2m　推定体重《すいていたいじゅう》：200～500kg
生息域《せいそくいき》：北《きた》アメリカ、ヨーロッパ
絶《ぜつ》　滅《めつ》：約《やく》5000万年前《まんねんまえ》（古第三紀始新世《こだいさんきししんせい》）
備《び》　考《こう》：以前《いぜん》はツル目《もく》と考《かんが》えられていたが、近年《きんねん》ではキジカモ目《もく》とする説《せつ》がある。

ロングな牙《ファング》!

ティラコスミルス

<*Thylacosmilus atrox*>

肉食《にくしょく》な有袋類《ゆうたいるい》はなぜ消《き》えた?

700万年《まんねん》ほど前《まえ》に南《みなみ》アメリカ生態系《せいたいけい》の頂点《ちょうてん》に君臨《くんりん》していた有袋類《ゆうたいるい》!

スミロドンなど食肉目《しょくにくもく》(ネコ目《もく》)の、いわゆるサーベルタイガーとよく似《に》ているが
コアラやカンガルーと同《おな》じ「有袋類《ゆうたいるい》」のなかま

有袋類《ゆうたいるい》の故郷《ふるさと》は中央《ちゅうおう》アジア!
それがかつて地続《じつづ》きだった
アリューシャン列島《れっとう》から
北《きた》・南《みなみ》アメリカ、南極大陸《なんきょくたいりく》を
経《へ》てオーストラリアへと
広《ひろ》がっていったのである…

平《ひら》たくて
長《なが》く鋭《するど》い犬歯《けんし》をもつ

犬歯《けんし》を自在《じざい》に使《つか》うために
あごは**120度**《と》まで開《ひら》く

一生《いっしょう》のび続《つづ》ける犬歯《けんし》を
「さや」のように保護《ほご》
するために、下《した》あごに
長《なが》い突出部《とっしゅつぶ》がある

太《ふと》くて頑丈《がんじょう》な四肢《しし》で
獲物《えもの》を前《まえ》あしで
押《お》さえつけた

堂々《どうどう》たる
パワフルな
肉食獣《にくしょくじゅう》
だったが…?

ロングなファングはストロング？

立派《りっぱ》な長《なが》い牙《きば》をもつティラコスミルス…。
噛《か》む力《ちから》もさぞ強《つよ》かったのだろう…と思《おも》いきや、実際《じっさい》は**ティラコスミルスのあごの力《ちから》は極端《きょくたん》に弱《よわ》かったという！**

あしもそれほど速《はや》くなかったため、待《ま》ち伏《ぶ》せして獲物《えもの》に襲《おそ》いかかる戦略《せんりゃく》を選《えら》んだようだ。

首《くび》の筋肉《きんにく》を使《つか》って犬歯《けんし》を振《ふ》り下《お》ろして獲物《えもの》に突《つ》き刺《さ》し、失血死《しっけつし》を待《ま》つ…という戦略《せんりゃく》だったと考《かんが》えられている。

あごの力《ちから》は弱《よわ》くても力持《ちからも》ちな肉食獣《にくしょくじゅう》として君臨《くんりん》したティラコスミルス…。だが北《きた》アメリカ大陸《たいりく》からやってきた敏捷《びんしょう》な大型食肉目《おおがたしょくにくもく》の動物《どうぶつ》と競合《きょうごう》を迫《せま》られることになる…！

獲物《えもの》の失血死《しっけつし》をのんびり待《ま》つだけでは生《い》きていけない。
世知辛《せちがら》い時代《じだい》が到来《とうらい》しティラコスミルスは姿《すがた》を消《け》していくのである…。

分《ぶん》　類《るい》：哺乳綱双前歯目《ほにゅうこうそうぜんしもく》ティラコスミルス科《か》
全《ぜん》　長《ちょう》：1.2 〜 1.7 m　　推定体重《すいていたいじゅう》：80 〜 120kg
生息域《せいそくいき》：南《みなみ》アメリカ（アルゼンチン）
絶《ぜつ》　滅《めつ》：約《やく》300万年前《まんねんまえ》（新第三紀鮮新世後期《しんだいさんきせんしんせいこうき》）
備《び》　考《こう》：歯《は》は犬歯《けんし》と臼歯《きゅうし》しかなかったと考《かんが》えられている。

世《よ》にも奇妙《きみょう》な歯《は》と体《からだ》！

デスモスチルス 〈Desmostylus〉

世界的《せかいてき》にも珍《めずら》しい「日本《にほん》が誇《ほこ》る」絶滅動物《ぜつめつどうぶつ》!?

日本《にほん》にも広《ひろ》く分布《ぶんぷ》していた、**一見《いっけん》カバのような姿《すがた》をした哺乳類《ほにゅうるい》！**

柱《はしら》(スチルス)を束《たば》ねた(デスモス)ような形《かたち》の臼歯《きゅうし》をもつことから
「束柱《そくちゅう》(デスモスチルス)目《もく》」と訳《やく》される

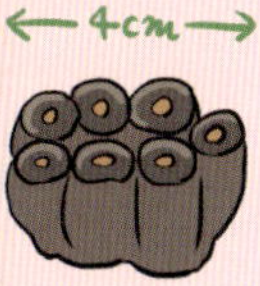
←4cm→

のり巻《ま》きの
ようにも
見《み》える歯《は》

デスモスロール

南南東《なんなんとう》
のりまきかと
ムシャ
ムシャ
ちがうかと

この**特殊《とくしゅ》な歯《は》**で
何《なに》を食《た》べていたかは
よくわかっていない…

筒状《つつじょう》のもの6～7個《こ》が
塊《かたまり》になって歯《は》を
構成《こうせい》する

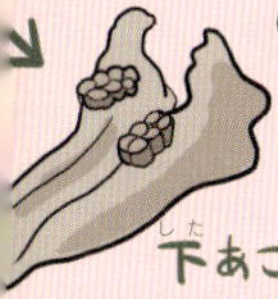
下《した》あご

スゲー

胴体《どうたい》は
カバのように太《ふと》い

四肢《しし》は短《みじか》く頑丈《がんじょう》で
あしは大《おお》きい！

あしのつき方《かた》はよく見《み》ると
カバとは異《こと》なる

DESUKOI
デ相撲スチルス

きもち～
ちゃぽ
ちゃぽ

岸辺《きしべ》を歩《ある》くよりは
海岸付近《かいがんふきん》での回遊《かいゆう》
が多《おお》かったという

耳《みみ》・目《め》・鼻腔《びくう》を水面《すいめん》から出《だ》して
外《そと》の様子《ようす》を伺《うかが》っていたと考《かんが》えられる
水中生活《すいちゅうせいかつ》にうまく適応《てきおう》していたのだ

生活環境《せいかつかんきょう》の近《ちか》いセイウチの存在《そんざい》が
絶滅《ぜつめつ》の一因《いちいん》となったという説《せつ》も…

すまんね

デスモスチルス・フロムジャパン

デスモスチルス類《るい》(＝束柱目《そくちゅうもく》)は実《じつ》に特殊《とくしゅ》な絶滅《ぜつめつ》哺乳類《ほにゅうるい》である。
骨格《こっかく》や歯《は》の形状《けいじょう》も独特《どくとく》で、その生態《せいたい》にはいまだ謎《なぞ》が多《おお》い。
起源《きげん》さえよくわかっていない状態《じょうたい》だ。

アショロア

パレオパラドキシア

そんな束柱目《そくちゅうもく》だがなぜか日本《にほん》とは
縁《えん》が深《ふか》く、特《とく》にデスモスチルスと
パレオパラドキシアの化石《かせき》は、日本《にほん》からの産出《さんしゅつ》が極《きわ》めて多《おお》い。

ベヘモトプス
I ♥ JAPAN
しらんけど

束柱目《そくちゅうもく》ガチャ
全4種
シークレットある？

日本《にほん》は動物《どうぶつ》の化石《かせき》にあまり恵《めぐ》まれ
ないにもかかわらず、アショロアや
ベヘモトプスなど他《ほか》の束柱目《そくちゅうもく》の化石《かせき》も発見《はっけん》されている！
なんと**束柱目《そくちゅうもく》というグループを丸《まる》ごと日本産《にほんさん》の化石《かせき》だけで**
コンプリートできてしまうのだ！

まさに「日本《にほん》を代表《だいひょう》する古生物《こせいぶつ》」と呼《よ》ぶにふさわしい束柱目《そくちゅうもく》たち…。
どうして日本《にほん》でばかり束柱目《そくちゅうもく》の化石《かせき》が発見《はっけん》されるのだろうか？

のんび〜〜り

中新世中《ちゅうしんせいちゅう》～後期《こうき》、日本《にほん》の周辺《しゅうへん》には多《おお》くの
島々《しまじま》があり、束柱目《そくちゅうもく》がすめる海岸《かいがん》がたく
さんあった。
またその当時《とうじ》、日本《にほん》は全体的《ぜんたいてき》に暖《あたた》かくマ
ングローブが全域《ぜんいき》にあったため、堆積物《たいせきぶつ》
がたまりやすく、まとまって化石《かせき》になり
やすかった。そのことが、日本《にほん》で化石《かせき》の発見《はっけん》が多《おお》い理由《りゆう》である。

日本《にほん》と不思議《ふしぎ》な縁《えん》で結《むす》ばれたデスモスチルスと
なかまたち…。
今後《こんご》の新《あたら》しい発見《はっけん》に日本人《にほんじん》こそ注目《ちゅうもく》していくべきだろう。

ヘイお待《ま》ち
デスモ寿司《スシ》ルス

分《ぶん》　類《るい》：哺乳綱束柱目《ほにゅうこうそくちゅうもく》デスモスチルス科《か》　　全《ぜん》　長《ちょう》：1.8ｍ
推定体重《すいていたいじゅう》：200kg　　生息域《せいそくいき》：日本《にほん》～北《きた》アメリカ大陸《たいりく》の太平洋沿岸《たいへいようえんがん》
絶《ぜつ》　滅《めつ》：約《やく》1000万年前《まんねんまえ》（新第三紀《しんだいさんき》中新世後期《ちゅうしんせいこうき》）
備《び》　考《こう》：カバに似《に》た動物《どうぶつ》ではあるが、化石《かせき》の研究《けんきゅう》から、骨密度《こつみつど》はイルカに近《ちか》かったと考《かんが》えられている。

クジラを食《く》らう「トカゲの王《おう》」！？

バシロサウルス

<*Basilosaurus cetoides*>

4000万年前《まんねんまえ》ごろに現《あらわ》れたクジラ類《るい》!

発見《はっけん》された当時《とうじ》は**爬虫類《はちゅうるい》だと誤解《ごかい》**されており

「**トカゲ**(saurus)**の王《おう》**(basilo)」を意味《いみ》する

「バシロサウルス」という

学名《がくめい》が与《あた》えられた

BASILOSAURUS
アンギャアーッ

サウルス(トカゲ)じゃないっての
文句《もんく》あんの？
ティラノサウルス

長《なが》いあごには

44本《ほん》の鋭《するど》い歯《は》

ゼウグロドン
おそかった…
ジリ
ジリ
あぢ〜〜

全長《ぜんちょう》は20〜25m！

古第三紀始新世《こだいさんきししんせい》から

新第三紀《しんだいさんき》まで見《み》ても

最大《さいだい》の哺乳類《ほにゅうるい》だ

ささやかな

後《うし》ろあし

「恐竜《きょうりゅう》」の名付《なづ》け親《おや》

リチャード・オーウェンが

歯《は》の化石《かせき》を調《しら》べて、

バシロサウルスが

哺乳類《ほにゅうるい》だと結論《けつろん》づけ、

「ゼウグロドン」という

新《あら》たな名《な》を提唱《ていしょう》したが、

学名《がくめい》が覆《くつがえ》されることはなかった…

エジプトのワディ・アル・ヒタン

(鯨《くじら》の谷《たに》)の博物館《はくぶつかん》に

バシロサウルスの化石《かせき》が

展示《てんじ》されている

体《からだ》に比《くら》べて頭《あたま》は小《ちい》さいぞ！

頭部《とうぶ》は長《なが》さ2mに満《み》たず

全長《ぜんちょう》の**10分《ぶん》の1**以下《いか》

巨大《きょだい》な海《うみ》ヘビを

思《おも》わせる

長《なが》い体《からだ》

顔《かお》どこ？

小顔《こがお》

激突《げきとつ》！スーパークジラ大戦《たいせん》

この時代《じだい》の巨大《きょだい》クジラ類《るい》はバシロサウルスだけではない…。
ほぼ同年代《どうねんだい》の近縁種《きんえんしゅ》に「ドルドン」がいる。

バシロサウルスよりも
現生《げんせい》クジラに似《に》ており、
頭《あたま》もそれほど小《ちい》さくない。

エジプトの古第三紀始新世末期《こだいさんきししんせいまっき》の地層《ちそう》からは
バシロサウルスの化石《かせき》とドルドンの化石《かせき》が一緒《いっしょ》に見《み》つかっている。
そこで頭部《とうぶ》に「歯型《はがた》」のあるドルドンの幼体《ようたい》が発見《はっけん》された。
その歯型《はがた》を解析《かいせき》した結果《けっか》「犯人《はんにん》」はバシロサウルスだと
判明《はんめい》！

バシロサウルスは
同《おな》じクジラのなかますら
食《た》べてしまうような
「大食《おおぐ》らい」だったのだ！

特殊《とくしゅ》すぎる進化《しんか》を遂《と》げたためかバシロサウルスは姿《すがた》を消《け》してしまったが、
もしも伝説上《でんせつじょう》の生物《せいぶつ》「シーサーペント（大海蛇《おおうみへび》）」が実在《じつざい》するとすれば
まさしくバシロサウルスのような姿《すがた》であっただろう。
ひょっとして今《いま》でもどこかに…と大海原《おおうなばら》に
想《おも》いを馳《は》せるのは非科学的《ひかがくてき》すぎるだろうか…？

分《ぶん》　類《るい》：哺乳綱鯨偶蹄目《ほにゅうこうげいぐうていもく》バシロサウルス科《か》　全《ぜん》　長《ちょう》：20～25ｍ
推定体重《すいていたいじゅう》：17～20 t　生息域《せいそくいき》：北《きた》アメリカ、アフリカの海洋《かいがん》
絶《ぜつ》　滅《めつ》：約《やく》3500～4000万年前《まんねんまえ》（古第三紀始新世後期《こだいさんきししんせいこうき》）
備《び》　考《こう》：トルコで存在《そんざい》が信《しん》じられているジャノというUMAの正体《しょうたい》は、実《じつ》はバシロサウルスではという説《せつ》もあるようだ。

史上最大《しじょうさいだい》の陸上《りくじょう》哺乳類《ほにゅうるい》

パラケラテリウム

〈*Paraceratherium*〉

アジアの広大《こうだい》な草原《そうげん》に堂々《どうどう》と君臨《くんりん》した「動物《どうぶつ》の王《おう》」

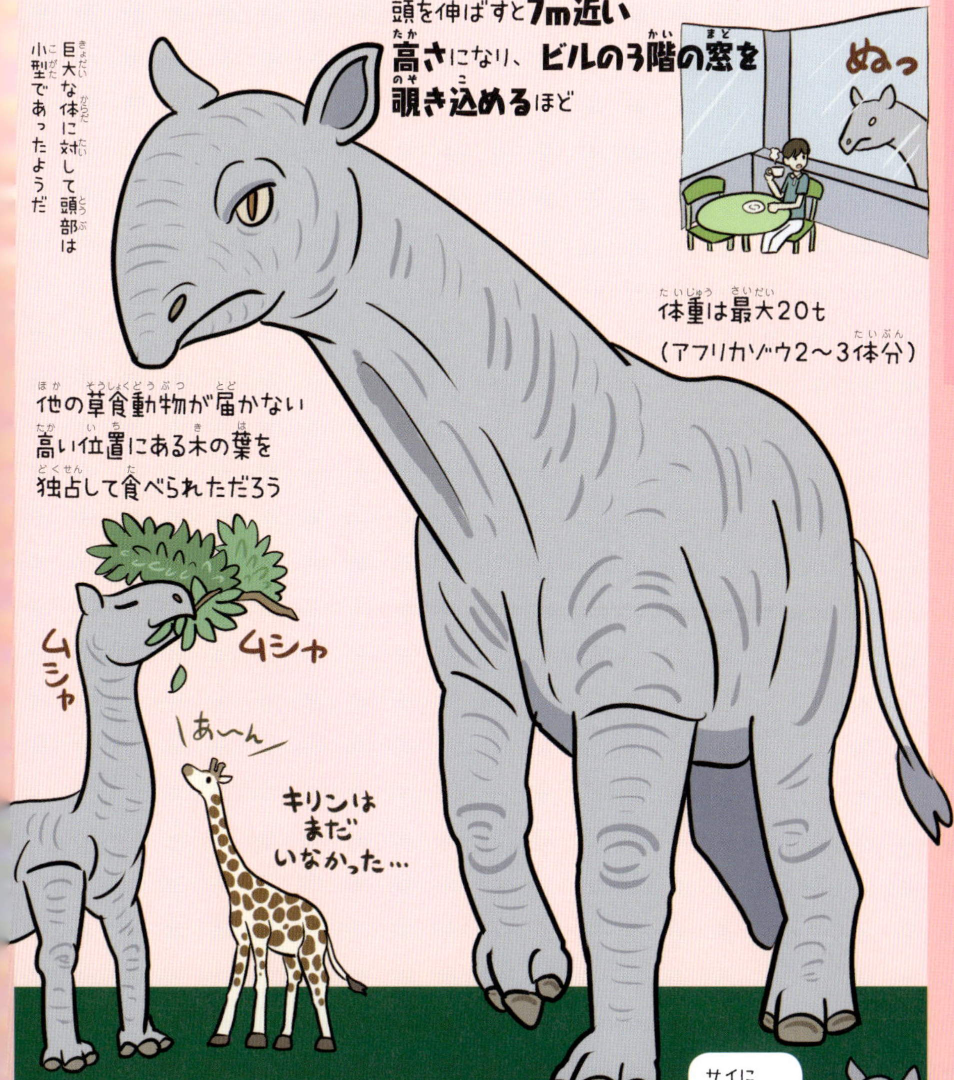
ぬっ
ムシャ
ムシャ
あ〜ん
キリンは
まだ
いなかった…
サイに
近《ちか》いなかま
さいですか

頭《あたま》を伸《の》ばすと**7m近《ちか》い高《たか》さ**になり、**ビルの3階《かい》の窓《まど》を覗《のぞ》き込《こ》める**ほど

巨大《きょだい》な体《からだ》に対《たい》して頭部《とうぶ》は小型《こがた》であったようだ

体重《たいじゅう》は最大《さいだい》20t
（アフリカゾウ2〜3体分《たいぶん》）

他《ほか》の草食動物《そうしょくどうぶつ》が届《とど》かない
高《たか》い位置《いち》にある木《き》の葉《は》を
独占《どくせん》して食《た》べられただろう

学名《がくめい》がいくつもあって錯綜《さくそう》しがち！
パラケラテリウムの他《ほか》に
インドリコテリウムやバルキテリウムなど…

軽《かろ》やかダッシュな史上最大《しじょうさいだい》

規格外《きかくがい》の巨体《きょたい》をもつパラケラテリウムだが、**なんと走《はし》るスピードも速《はや》かったということが長《なが》く強靭《きょうじん》なあしからも推測《すいそく》できる！**

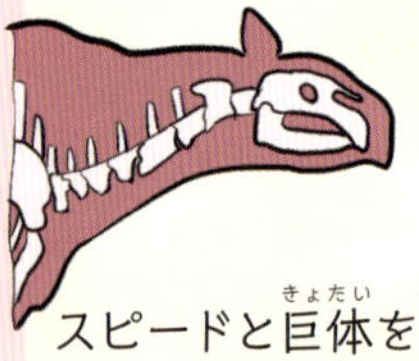

パラケラテリオン はやい!!
ドドドドドド
5

骨《ほね》は強度《きょうど》を保《たも》ちながらも軽《かる》いつくりになっていた。

スピードと巨体《きょたい》を併《あわ》せもつ無敵《むてき》の「王《おう》」…。それでも**「環境《かんきょう》の変化《へんか》」という最強《さいきょう》の敵《てき》には勝《か》てなかったようだ。**

新第三紀《しんだいさんき》中新世《ちゅうしんせい》に今《いま》でいう地中海《ちちゅうかい》が誕生《たんじょう》したこともあり、古第三紀《こだいさんき》の終《お》わりには海流《かいりゅう》や川《かわ》の流《なが》れが大《おお》きく変《か》わり、気温《きおん》は地球全体《ちきゅうぜんたい》で低下《ていか》し続《つづ》けた。内陸《ないりく》ではすでに氷床《ひょうしょう》が発達《はったつ》していた。

じゃりんこテリウム
さむい
ひもじい
もう しにたい…

一日《いちにち》に2.5tほどの食物《しょくもつ》を必要《ひつよう》としたパラケラテリウムは、これほどの激変《げきへん》にはついていけなかっただろう。パラケラテリウムの体《からだ》は、哺乳類《ほにゅうるい》が陸《りく》で維持《いじ》できる大《おお》きさとしてはまさに「限界《げんかい》」だったと考《かんが》えられる。

ホエエエエル
陸《りく》がダメなら 海《うみ》にくれば いいじゃない…
かんたんに 言《い》ってくれるぜ

一方《いっぽう》で全長《ぜんちょう》33m、体重《たいじゅう》170tを誇《ほこ》る「全哺乳類《ぜんほにゅうるい》」史上最大《しじょうさいだい》のシロナガスクジラは、海《うみ》の中《なか》という自由《じゆう》な空間《くうかん》で現在《げんざい》まで生《い》き残《のこ》っている…。

巨大《きょだい》な体《からだ》をもつ動物《どうぶつ》たちにとって陸《りく》はあまりに不自由《ふじゆう》な世界《せかい》なのかもしれない…。

分　類《ぶんるい》：哺乳綱奇蹄目《ほにゅうこうきていもく》ヒラコドン科《か》　全　長《ぜんちょう》：7～9m
推定体重《すいていたいじゅう》：16～20t　生息域《せいそくいき》：ヨーロッパ東部《とうぶ》、アジア
絶　滅《ぜつめつ》：約《やく》2400万年前《まんねんまえ》（古第三紀漸新世《こだいさんきぜんしんせい》）
備　考《びこう》：巨体《きょたい》のため妊娠期間《にんしんきかん》は2年《ねん》で、1回《かい》につき1頭《とう》だけを出産《しゅっさん》していたと見《み》られ、個体数《こたいすう》が増《ふ》えにくかったと考《かんが》えられる。

北《きた》の大地《だいち》の非《ひ》ペンギン

ホッカイドルニス

<Hokkaidornis abasiriensis>

ペンギンのようでペンギンにあらず

その名《な》の通《とお》り、**北海道《ほっかいどう》**の漸新世後期《ぜんしんせいこうき》の地層《ちそう》から1987年《ねん》に発見《はっけん》！

ウワーッ
HOK KAI DO!
おもしろい
ゴールデンカムイ

網走《あばしり》で見《み》つかったので種小名《しゅしょうめい》は
「アバシリ（網走《あばしり》）エンシス」

ピュ〜〜〜
ゴールデンサムイ

かつてはペリカンに近《ちか》いなかまとされ和名《わめい》は
「ホッカイドウムカシオオウミウ」
実際《じっさい》「鵜《う》」に近《ちか》い姿形《すがたかたち》をしている

ウワーッ

ペンギンと同《おな》じく空《そら》を飛《と》ぶことをやめて
翼《つばさ》で泳《およ》ぐようになった鳥《とり》なのである

ホッカイドルニスは
ペンギンモドキの
化石《かせき》の中《なか》でも
最《もっと》も多《おお》くの部位《ぶい》が
そろっている

ペンギン類《るい》が南半球《みなみはんきゅう》に
生息域《せいそくいき》を広《ひろ》げていった時代《じだい》…
数千万年《すうせんまんねん》ほど遅《おく》れて
北半球《きたはんきゅう》の太平洋海域《たいへいようかいいき》に進出《しんしゅつ》したのが
ホッカイドルニスを含《ふく》むプロトプテルム類《るい》
通称《つうしょう》「**ペンギンモドキ**」なのだ！

プロトプテルム
体長《たいちょう》2m!
ゴールデンヒトチガイ
ペンギンさ〜ん
そんなヤツはしらん

ペンギンとペンギンモドキは
収《しゅう》れん進化《しんか》（別《べつ》の系統《けいとう》の動物《どうぶつ》が
進化《しんか》の結果《けっか》として形《かたち》が似《に》ること）の
一例《いちれい》で、別種《べっしゅ》と考《かんが》えられていたが…？

ペンギンがんもどき
ペンギンモドキがんもどき
超《ちょう》おでんウマイ

さらば愛《いと》しのペンギンモドキ？

古第三紀《こだいさんき》の北太平洋《きたたいへいよう》で大《おお》いに繁栄《はんえい》したペンギンモドキだが、
現在《げんざい》は姿《すがた》を消《け》してしまった。
約《やく》2800万年前《まんねんまえ》から2000万年《まんねん》の間《あいだ》で
クジラ類《るい》などの海生哺乳類《かいせいほにゅうるい》が繁栄《はんえい》した時期《じき》、
それと反比例《はんぴれい》するかのように
ペンギン様鳥類《ようちょうるい》(ペンギンモドキを含《ふく》む
ペンギンに似《に》た鳥《とり》)は減少《げんしょう》していった…。
このことから
ペンギン様鳥類《ようちょうるい》は
食《た》べ物《もの》の奪《うば》い合《あ》いで
クジラに敗北《はいぼく》した
可能性《かのうせい》もある
(アシカやイルカ
との競争《きょうそう》だったかもしれない)。

このように絶滅《ぜつめつ》してしまったペンギン様鳥類《ようちょうるい》だが、
2013年《ねん》、**ペンギンモドキの頭部《とうぶ》の化石《かせき》をCTスキャンで解析《かいせき》し、三次元的《さんじげんてき》に脳《のう》を復元《ふくげん》したところ、その脳《のう》の形状《けいじょう》はペンギン類《るい》とよく似《に》ていた…。**

この発見《はっけん》により、**ペンギン類《るい》とペンギンモドキが「他人《たにん》の空似《そらに》」ではなく同《おな》じなかまであるという説《せつ》が非常《ひじょう》に有力《ゆうりょく》になってきた。**

「ペンギンモドキ」などという失礼《しつれい》な名前《なまえ》も
いずれは取《と》り消《け》されるかもしれない…。

分《ぶん》　類《るい》：鳥綱《ちょうこう》ペリカン目《もく》プロトプテルム科《か》　全《ぜん》　長《ちょう》：2m
推定体重《すいていたいじゅう》：不明《ふめい》　生息域《せいそくいき》：日本《にほん》、北《きた》アメリカなどの北太平洋沿岸部《きたたいへいようえんがんぶ》
絶《ぜつ》　滅《めつ》：約《やく》2500万年前《まんねんまえ》（古第三紀漸新世《こだいさんきぜんしんせい》）
備《び》　考《こう》：ペンギンのなかまだった可能性《かのうせい》が出《で》てきたとき、「ペンギン　北海道《ほっかいどう》にもいた？」と新聞《しんぶん》で報道《ほうどう》されたことがある。

イヌとネコの分《わ》かれ道《みち》

ミアキス 〈*Miacis*〉

地球《ちきゅう》で最初《さいしょ》の真《しん》の「食肉目《しょくにくもく》」！

現在《げんさい》のイタチやフェレットに似《に》ていたと思《おも》われる動物《どうぶつ》！

力強《ちからづよ》い四肢《しし》をもち
指先《ゆびさき》からかかとまでを
接地《せっち》させて歩《ある》く
長《なが》いしっぽでバランスをとる
地上《ちじょう》と樹上《じゅじょう》で暮《く》らしていた
体長《たいちょう》は20〜30cm
あしには鋭《するど》いツメ
鋭《するど》い歯《は》

イヌとネコは全《まった》く別《べつ》の動物《どうぶつ》のようだが、
さかのぼっていくと**共通《きょうつう》の祖先《そせん》**にたどり着《つ》く…
その一種《いっしゅ》がミアキスなのである…！

DOG
CAT
MIA
CIS

イヌの頑丈《がんじょう》な体《からだ》とネコの柔軟《じゅうなん》な体《からだ》は対照的《たいしょうてき》だがこうした
骨格《こっかく》の違《ちが》いは祖先《そせん》が暮《く》らしていた環境《かんきょう》によるものとされる

ミアキスが生《い》きていた時代《じだい》は森林《しんりん》が豊富《ほうふ》だったが
気候変動《きこうへんどう》などの影響《えいきょう》で徐々《じょじょ》に森林《しんりん》が減少《げんしょう》して草原《そうげん》などが増《ふ》えていった…

このとき、森林《しんりん》に残《のこ》って柔軟《じゅうなん》な体《からだ》や
出《だ》し入《い》れ可能《かのう》な爪《つめ》を活《い》かせるように
進化《しんか》したのがネコ科《か》…

柔軟性《じゅうなんせい》を捨《す》てて長距離《ちょうきょり》を走《はし》れるように
平原《へいげん》に出《で》て進化《しんか》していったのがイヌ科《か》
だと考《かんが》えられる

森《もり》がいちばん

森《もり》とか
ミアキス
見飽
つってな
ダーーッ

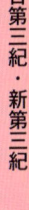

鳥獣《ちょうじゅう》ウォーズ　ミアキスの逆襲《ぎゃくしゅう》

5900 ~ 5500 万年前《まんねんまえ》、哺乳類《ほにゅうるい》は弱小動物《じゃくしょうどうぶつ》の一種《いっしゅ》に過《す》ぎなかった！

ウウーッ

地上《ちじょう》の強力《きょうりょく》な恐鳥類《きょうちょうるい》に捕食《ほしょく》されるだけの非力《ひりき》な動物《どうぶつ》だったのだ…。

だが「森《もり》の樹上《じゅじょう》」という陸生鳥類《りくせいちょうるい》の力《ちから》が及《およ》ばない空間《くうかん》では**哺乳類《ほにゅうるい》が着々《ちゃくちゃく》と「牙《きば》を研《と》ぎ」はじめていた…。**

ぐぬぬ。
いまにみておれ…

その中《なか》で「肉切《にくき》りナイフ」のような鋭利《えいり》な歯《は》を獲得《かくとく》して進化《しんか》したのがミアキスのなかまである。

あががが
大《おお》きい肉《にく》を機能歯《きのうし》で噛《か》み切《き》るイヌ

その歯《は》は「機能歯《きのうし》（裂肉歯《れつにくし》）」と呼《よ》ばれ、イヌたちにとって最《もっと》も大切《たいせつ》な歯《は》とされる。現在《げんざい》の食肉目《しょくにくもく》（オオカミやライオンなど）はすべてこの歯《は》をもっている。

鋭利《えいり》な歯《は》を進化《しんか》させたミアキスは草食動物《そうしょくどうぶつ》を次々《つぎつぎ》と殺《ころ》す「無敵《むてき》」に近《ちか》い存在《そんざい》に…！

恐鳥類《きょうちょうるい》にとっても楽《らく》な獲物《えもの》ではなかったと考《かんが》えられる。

ミアキス無双《むそう》

ミアキスの逆襲《ぎゃくしゅう》
ウワーッ
恐鳥類《きょうちょうるい》の卵《たまご》やヒナを逆《ぎゃく》に襲《おそ》うこともあったかも…？

アニマルお盆《ぼん》
みあきすの墓
ごせんぞさま…
さかのぼりすぎじゃね
ねこ
いぬ
アシカ
クマ

そして 5000 万年前《まんねんまえ》、ついに恐鳥類《きょうちょうるい》は絶滅《ぜつめつ》！鳥類《ちょうるい》の陸《りく》の支配《しはい》は終《お》わるのだった…。

生《い》き残《のこ》ったミアキスはさまざまな動物《どうぶつ》へと進化《しんか》を重《かさ》ねていくことになる。イヌ科《か》やネコ科《か》だけでなく、アシカ科《か》やクマ科《か》なども含《ふく》めた「食肉目《しょくにくもく》」の祖先《そせん》…。**現在《げんざい》の地球《ちきゅう》に暮《く》らす多《おお》くの生《い》き物《もの》にとって最重要《さいじゅうよう》な分岐点《ぶんきてん》なのだ。**

分《ぶん》　類《るい》：哺乳綱《ほにゅうこう》食肉目《しょくにくもく》ミアキス科《か》
全《ぜん》　長《ちょう》：20 ～ 30cm　　推定体重《すいていたいじゅう》：不明《ふめい》
生息域《せいそくいき》：ヨーロッパ、北《きた》アメリカ
絶《ぜつ》　滅《めつ》：約《やく》4800 万年前《まんねんまえ》（古第三紀《こだいさんき》始新世《ししんせい》初期《しょき》）
備《び》　考《こう》：パンダやラッコもミアキスの子孫《しそん》にあたる。

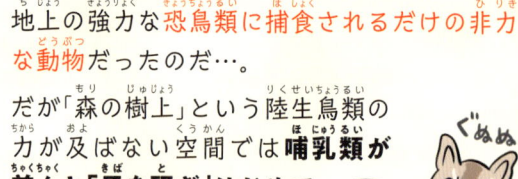

メガトンシャーク

メガロドン 〈*Carcharocles megalodon*〉

太古《たいこ》の海《うみ》に君臨《くんりん》した史上最大《しじょうさいだい》の覇権《はけん》ザメ

中新世《ちゅうしんせい》～鮮新世《せんしんせい》の**海《うみ》の覇者《はしゃ》となった巨大《きょだい》ザメ！**

メガロドンとは
ギリシャ語《ご》で
大《おお》きい（メガロ）
歯《は》（オドントス）を
意味《いみ》する単語《たんご》の
合成語《ごうせいご》

実際《じっさい》歯《は》の大《おお》きさは
最大《さいだい》15cmにも
達《たっ》したという

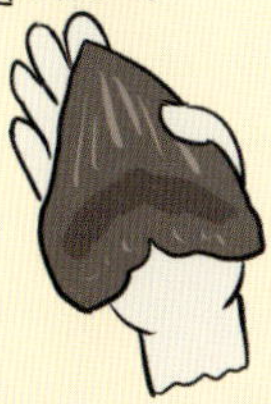

ステーキナイフのように
歯《は》の周《まわ》りがギザギザしている

合計《ごうけい》58本《ほん》の歯《は》が並《なら》ぶ巨大《きょだい》なあご！
噛《か》む力《ちから》はTレックスの
3倍以上《ばいいじょう》だったという

ゴリ
ゴリ
ぐぬぬ
Megalodon
まぎらわしい

ヒト（1.7m）
メガロドン
（17m）
ジンベエザメ
（10m）
ホホジロザメ
（4m）
ウワーッ

メガロドンという名前《なまえ》の
二枚貝《にまいがい》もいる（デボン紀《き》～ジュラ紀《き》に栄《さか》えた）

エイジ・オブ・メガロドン

???

巨大《きょだい》ザメの代名詞《だいめいし》メガロドンだが、実《じつ》は正確《せいかく》な大《おお》きさはわかっていない……。
見《み》つかっている化石《かせき》のほとんどが「歯《は》」でほかの部《ぶ》位《い》が少《すく》ないので、全体像《ぜんたいぞう》は不明《ふめい》なのだ。

そこで、メガロドンの歯《は》の化石《かせき》と
現生種《げんせいしゅ》のホホジロザメの歯《は》の比較《ひかく》により
メガロドンの全長《ぜんちょう》が推定《すいてい》された。

こんなに
大きく
ないよ
ツメ

メガロドンの化石《かせき》は
世界中《せかいじゅう》から産出《さんしゅつ》されている。
日本《にほん》でも埼玉県《さいたまけん》や群馬県《ぐんまけん》、
茨城県《いばらきけん》、宮城県《みやぎけん》など各地《かくち》から発掘《はっくつ》。

日本《にほん》では「天狗《てんぐ》の爪《つめ》」
ヨーロッパでは
「グロッソペトラ(舌石《ぜっせき》)」と呼《よ》ばれた。

これほど強大《きょうだい》であった海《うみ》の王《おう》・メガロドンはなぜ滅《ほろ》んだのだろう…？

それは、暖《あたた》かい地域《ちいき》の海《うみ》に生息《せいそく》していたメガロドンは、現在《げんざい》のホホジロザメのように冷《つめ》たい海《うみ》では活動《かつどう》できず、冷涼化《れいりょうか》に伴《ともな》う気候変動《きこうへんどう》に対応《たいおう》できなかったからだ。

まって〜
あったかーい
つめたーい
まつか

また、捕食対象《ほしょくたいしょう》だったヒゲクジラ類《るい》が冷《つめ》たい海《うみ》に逃《に》げ込《こ》んでしまったこと…
さらにシャチやホホジロザメなどの強力《きょうりょく》なライバルの出現《しゅつげん》も痛手《いたで》となったかもしれない。

恐怖《きょうふ》！
無敵《むてき》の巨大《きょだい》ザメ
レイト
ウワーッ
しみじみ
昔《むかし》は
よかった…

ぐぬぬ

NEW
ジェネレーション
イェイ

巨大《きょだい》ザメが主役《しゅやく》の映画《えいが》がつくられるよりもはるか昔《むかし》から
メガロドンは「太古《たいこ》の海《うみ》」というスクリーンの超《ちょう》ビッグスターだった……。
だがそんなサメ映画《えいが》…いやサメの栄華《えいが》も永久《えいきゅう》には続《つづ》かなかったのである。

分《ぶん》　類《るい》：軟骨魚綱《なんこつぎょこう》ネズミザメ目《もく》オトドゥス科《か》
全《ぜん》　長《ちょう》：13～17ｍ　推定体重《すいていたいじゅう》：30 t
生息域《せいそくいき》：世界中《せかいじゅう》の海《うみ》
絶《ぜつ》　滅《めつ》：約《やく》260万年前《まんねんまえ》（新第三紀鮮新世《しんだいさんきせんしんせい》）
備《び》　考《こう》：和名《わめい》は「ムカシオオホホジロザメ」。

はじまりのペンギン

ワイマヌ

〈*Waimanu manneringi*〉

そして鳥《とり》たちは海《うみ》へと向《む》かう

白亜紀末《はくあきまつ》の大量絶滅《たいりょうぜつめつ》から400万年後《まんねんご》に出現《しゅつげん》した「**最古《さいこ》のペンギン**」

Y《ワイ》マヌ
ワー
イ
ムリがある

ニュージーランドの南島《みなみじま》にある
古第三紀《こだいさんき》の地層《ちそう》から発見《はっけん》

完全《かんぜん》に一致《いっち》
どうかな…

細長《ほそなが》い首《くび》や
くちばしが
特徴的《とくちょうてき》だ

たたむことが
できる細長《ほそなが》い翼《つばさ》

空《そら》は飛《と》べないが
水中《すいちゅう》を泳《およ》ぐのは得意《とくい》だった

一見《いっけん》ペンギンには似《に》ていないが
ペンギンの典型的《てんけいてき》な特徴《とくちょう》も
すでに発達《はったつ》している

① 現生種《げんせいしゅ》のペンギンと同様《どうよう》に
上腕骨《じょうわんこつ》は平《たい》らで幅広《はばひろ》くかかとの
骨《ほね》は短《みじか》くて幅《はば》が広《ひろ》い

復元図《ふくげんず》

② 翼《つばさ》を構成《こうせい》する骨《ほね》が厚《あつ》くまた全体《ぜんたい》の
骨密度《こつみつど》が空《そら》を飛《と》ぶ鳥類《ちょうるい》より高《たか》い
(水中《すいちゅう》に深《ふか》く潜《もぐ》るのに有利《ゆうり》な
特徴《とくちょう》とされる)

ペンギンの姿《すがた》は**はるか昔《むかし》から**
完成《かんせい》されていたといえるかも
しれない…!

ウワーッ
ひかぬ!
こびぬ!
ワイマヌ…!!

古代《こだい》ペンギン大行進《だいこうしん》！

ペンギンは恐竜《きょうりゅう》が生《い》きていた時代《じだい》に誕生《たんじょう》したと考《かんが》えられる。

恐竜《きょうりゅう》などの捕食者《ほしょくしゃ》が絶滅《ぜつめつ》すると、ペンギンは大昔《おおむかし》に存在《そんざい》していたジーランディアという大陸周辺《たいりくしゅうへん》の海《うみ》で栄《さか》えた。

ジーランディア
オーストラリア
でかいぜ

5000万年前《まんねんまえ》、ペンギンは突如《とつじょ》として南半球《みなみはんきゅう》に広《ひろ》がった（上腕動脈網《じょうわんどうみゃくもう》という一種《いっしゅ》の熱交換器《ねつこうかんき》の進化《しんか》によって水中《すいちゅう》で体温《たいおん》を維持《いじ》しやすくなったことが鍵《かぎ》）。

○ワイマヌ

○ペルディプテス

4200万年前《まんねんまえ》、地球史上《ちきゅうしじょう》で最《もっと》も暑《あつ》い時代《じだい》の最《もっと》も暑《あつ》い地域《ちいき》にすんでいたといわれる…

くちばしは長《なが》いものの、ペンギンらしい姿《すがた》に

各地《かくち》に広《ひろ》がるにつれて大《おお》きさも形態《けいたい》も多様《たよう》なペンギンが現《あらわ》れた。

○イカディプテス

3600万年前《まんねんまえ》のペルーの赤道《せきどう》に近《ちか》い場所《ばしょ》で暮《く》らす。

レイピアのように鋭《するど》いくちばしが特徴《とくちょう》

○カイルク

体高《たいこう》130cm

イカディプテスたちの時代《じだい》から1000万年後《まんねんご》。細長《ほそなが》い翼《つばさ》とがっしりしたあしをもつ

○ジャイアントペンギン（パキディプテス）

学名《がくめい》「がっしりしたダイバー」

4500万《まん》～3700万年前《まんねんまえ》に生息《せいそく》した史上最大級《しじょうさいだいきゅう》のペンギン

皇帝《こうてい》とジャイアントってどっちがえらい？
さあ
コウテイペンギン

過去《かこ》には、**現生種《げんせいしゅ》では最大《さいだい》の大《おお》きさを誇《ほこ》るコウテイペンギンを上回《うわまわ》る古代《こだい》ペンギンが何種《なんしゅ》も存在《そんざい》した…。**

可愛《かわい》いペンギンを見《み》るときはその遥《はる》かなる歩《あゆ》みに思《おも》いを馳《は》せてみよう。

分《ぶん》　類《るい》：鳥綱《ちょうこう》ペンギン目《もく》

全《ぜん》　長《ちょう》：65～75cm　推定体重《すいていたいじゅう》：不明《ふめい》

生息域《せいそくいき》：ニュージーランド

絶《ぜつ》　滅《めつ》：約《やく》6000万年前《まんねんまえ》（古第三紀暁新世《こだいさんきぎょうしんせい》）

備《び》　考《こう》：浅《あさ》い海《うみ》で暮《く》らしていたと考《かんが》えられている。

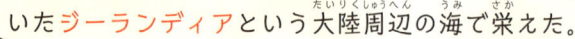

太古《たいこ》の空《そら》の王者《おうじゃ》

アルゲンタヴィス

〈*Argentavis magnificens*〉

分類《ぶんるい》：鳥綱《ちょうこう》タカ目《もく》テラトルニス科《か》

全長《ぜんちょう》：1.5ｍ / **推定体重《すいていたいじゅう》**：70～80kg / **生息域《せいそくいき》**：南《みなみ》アメリカ（アルゼンチン）/ **絶滅《ぜつめつ》**：約《やく》600万年前《まんねんまえ》（新第三紀中新世《しんだいさんきちゅうしんせい》）

まだわずかしか化石《かせき》が
見《み》つかっておらず
不明《ふめい》なことが多《おお》い鳥《とり》だが
ハゲワシやコンドルのように
腐肉食者《ふにくしょくしゃ》だったと
考《かんが》えられている

翼《つばさ》の端《はし》から端《はし》までの
長《なが》さは約《やく》6.4mにもなる
最大《さいだい》7～8m

小学校《しょうがっこう》の窓《まど》くらいの大《おお》きさ
キシェーッ
ウワーッ

世界最大《せかいさいだい》のコンドル
アンデスコンドル

スゲー

70kgの体重《たいじゅう》では
羽《は》ばたいて飛《と》ぶのは
不可能《ふかのう》だった？
上昇気流《じょうしょうきりゅう》を利用《りよう》して
滑空《かっくう》していたかもしれない

ちなみにアルゲンタヴィスの
学名《がくめい》の意味《いみ》は
「アルゼンチンの鳥《とり》」

ビュオオオオオ
不屈《ふくつ》
凧《ダコ》
高《たか》みをめざすぜ

豆知識《まめちしき》

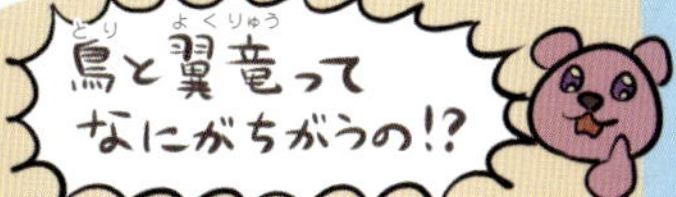
鳥《とり》と翼竜《よくりゅう》ってなにがちがうの!?

恐竜《きょうりゅう》
鳥《とり》
翼竜《よくりゅう》

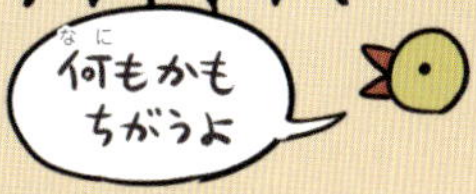
何《なに》もかもちがうよ

翼竜《よくりゅう》は初期《しょき》の爬虫類《はちゅうるい》から
早《はや》くに分岐《ぶんき》した生物《せいぶつ》！
（恐竜《きょうりゅう》とも異《こと》なる）

よっフレンド
どなた？

コウモリと
同《おな》じように
皮膚《ひふ》が伸《の》びた翼《つばさ》

鳥《とり》と翼竜《よくりゅう》の共通点《きょうつうてん》は
「飛《と》べる」ことだけ
といってもいいだろう

マジか
元気《げんき》だして

2本《ほん》のツノをもつ巨大戦車《きょだいせんしゃ》

アルシノイテリウム

<*Arsinoitherium*>

分類《ぶんるい》：哺乳綱重脚目《ほにゅうこうじゅうきゃくもく》アルシノイテリウム科《か》

全長《ぜんちょう》：4ｍ / **推定体重《すいていたいじゅう》**：不明《ふめい》 / **生息域《せいそくいき》**：アフリカ（エジプト） / **絶滅《ぜつめつ》**：約《やく》2300万年前《まんねんまえ》（古第三紀始新世後期《こだいさんきししんせいこうき》）

「重脚目《じゅうきゃくもく》」という絶滅哺乳類《ぜつめつほにゅうるい》の代表種《だいひょうしゅ》！

学名《がくめい》は「アルシノエの獣《けもの》」という意味《いみ》
最初《さいしょ》の化石《かせき》が見《み》つかった場所《ばしょ》が
エジプトのプトレマイオス王《おう》の妃《きさき》だった
アルシノエ女王《じょおう》の宮殿《きゅうでん》に近《ちか》かったことに由来《ゆらい》する

EGYPT
ARSINOE
くるしゅう
ないぞ
そっち
もね

根元《ねもと》から二股《ふたまた》に
分《わ》かれた
V字状《じじょう》のツノが
最大《さいだい》の特徴《とくちょう》だ

ぴーす

そーなの

キリンのツノのように
皮膚《ひふ》に覆《おお》われていた
可能性《かのうせい》が高《たか》い

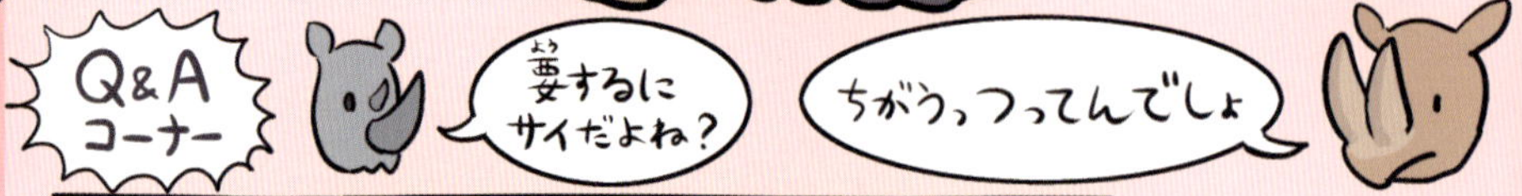
Q&A
コーナー
要《よう》するに
サイだよね？
ちがうっつってんでしょ

	足《あし》の指《ゆび》	ツノ
アルシノイテリウム	5本《ほん》	骨質《こっしつ》
サイ類《るい》	3本《ほん》	ケラチン質《しつ》 （毛《け》が集《あつ》まったもの）

ツノが
毛《け》って
どういうこと？
しら
ないよ…
他の本よんで

アルシノイテリウムなどの重脚目《じゅうきゃくもく》は祖先《そせん》も子孫《しそん》もよくわかっていない…
なんとも**ミステリアス**な絶滅哺乳類《ぜつめつほにゅうるい》なのである

ビッグガブガブ

アンドリュウサルクス

<*Andrewsarchus mongoliensis*>

分類《ぶんるい》：哺乳綱無肉歯目《ほにゅうこうむにくしもく》メソニクス科《か》

全長《ぜんちょう》：4～6m / **推定体重**《すいていたいじゅう》：450kg / **生息域**《せいそくいき》：中央《ちゅうおう》アジア（モンゴル）/ **絶滅**《ぜつめつ》：約《やく》3600万年前《まんねんまえ》（古第三紀始新世後期《こだいさんきししんせいこうき》）

4500万《まん》～3600万年前《まんねんまえ》のモンゴル付近《ふきん》に生息《せいそく》した
地上最大《ちじょうさいだい》の陸生肉食獣《りくせいにくしょくじゅう》！

んふふ
ごろにゃん
アニキ〜〜
かわいいやつらめ

ガルルルル
たべていい？
グォルル…
ダメ
どうどう

体長《たいちょう》は4～6mにもなったという…！

強靭《きょうじん》なあごと
大《おお》きな歯《は》で
骨《ほね》でも貝《かい》でも
噛《か》み砕《くだ》く！

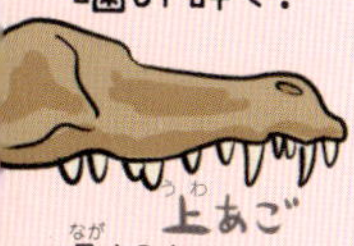
上《うわ》あご

長《なが》さ84cm
にもなる頭蓋骨《とうがいこつ》

たてがみは復元図《ふくげんず》によってあったりなかったり…

アンドリュー
サルクスは
その大《おお》きなあごで
何《なに》を食《た》べていたのか？

なんかイメージとちがうね
ね
ウ〜ン

以前《いぜん》はどう猛《もう》な肉食動物《にくしょくどうぶつ》だと思《おも》われていたが
最新《さいしん》の学説《がくせつ》では次《つぎ》の3つが有力《ゆうりょく》な説《せつ》だ

1）貝類《かいるい》や動《うご》きの遅《おそ》い硬《かた》い殻《から》をもつ動物《どうぶつ》を食《た》べる

かぷかぷ
ウワーッ
貝《かい》

2）とにかく何《なん》でも食《た》べる雑食《ざっしょく》

バランス食生活《しょくせいかつ》！

3）動物《どうぶつ》の死体《したい》を食《た》べる腐肉《ふにく》食者《しょくしゃ》

ウワーッ
うまうま

史上最大《しじょうさいだい》の肉食獣《にくしょくじゅう》の食生活《しょくせいかつ》は
未《いま》だ謎《なぞ》に包《つつ》まれている…！

八重歯《やえば》なクジラ?

オドベノケトプス

<*Odobenocetops peruvianus*>

分類《ぶんるい》：哺乳綱鯨偶蹄目《ほにゅうこうげいぐうていもく》シロイルカ科《か》

全長《ぜんちょう》：2～3ｍ / **推定体重《すいていたいじゅう》**：150～650kg / **生息域《せいそくいき》**：ペルーの海洋《かいよう》 / **絶滅《ぜつめつ》**：約《やく》258万年前《まんねんまえ》（新第三紀鮮新世《しんだいさんきせんしんせい》）

500万年前頃《まんねんまえごろ》に生息《せいそく》していた海生哺乳類《かいせいほにゅうるい》（イルカやクジラのなかま）

1mを超《こ》える立派《りっぱ》な牙《きば》が最大《さいだい》の特徴《とくちょう》！

二刀流《にとうりゅう》
乙部

片方《かたほう》の牙《きば》だけがとても長《なが》い
独特《どくとく》なルックスだ

伸《の》びた歯《は》は雄《おす》にのみ
見《み》られる特徴《とくちょう》

武器《ぶき》ではなく雌《めす》への
性的《せいてき》アピールの
ためだったと
思《おも》われる

この牙《きば》は
切歯《せっし》といい
ヒトでいう前歯《まえば》にあたる

気《き》い
つけろい
ウオッ
ずぞぞぞぞ
うめ～～

反対側《はんたいがわ》の切歯《せっし》は
とても小《ちい》さい

セイウチやジュゴンに
よく似《に》た顔立《かおだ》ち
バランス
わるく
ない？

柔軟《じゅうなん》な上唇《うわくちびる》を使《つか》って
海底《かいてい》の泥《どろ》をあさり
貝類《かいるい》を食《た》べていた

頭蓋骨《とうがいこつ》の形《かたち》から脳油《のうゆ》（メロン）があったと
考《かんが》えられ、現生《げんせい》のハクジラ類《るい》と同様《どうよう》
エコーロケーション（超音波《ちょうおんぱ》などの反響《はんきょう》
を利用《りよう》して物体《ぶったい》までの距離《きょり》や方向《ほうこう》を
知《し》ること）の能力《のうりょく》があったと思《おも》われる

これ
歯《は》なの
キシリトール
ガム

現生種《げんせいしゅ》ではイッカクというクジラの
なかまがオドベノケトプスと同《おな》じく
長《なが》い切歯《せっし》をもっているよ

ウォーキング・マッチョ

カリコテリウム

<*Chalicotherium*>

分類《ぶんるい》：哺乳綱奇蹄目《ほにゅうこうきていもく》カリコテリウム科《か》

全長《ぜんちょう》：2ｍ / **推定体重**《すいていたいじゅう》：不明《ふめい》 / **生息域**《せいそくいき》：ヨーロッパ、アジア、アフリカ / **絶滅**《ぜつめつ》：約《やく》500万年前《まんねんまえ》（新第三紀鮮新世《しんだいさんきせんしんせい》）

奇蹄類《きているい》は文字通《もじどお》り「**奇数**《きすう》**の蹄**《ひづめ》**（指**《ゆび》**）**」をもつことが特徴《とくちょう》

史上最大《しじょうさいだい》の哺乳類《ほにゅうるい》パラケラテリウムも奇蹄類《きているい》のなかまだ

ん？

肩《かた》の高《たか》さ
1.8m

カリコテリウム類《るい》は
奇蹄類《きているい》だが
蹄《ひづめ》ではなく
大《おお》きな「鉤爪《かぎづめ》」
をもつ

鉤爪《かぎづめ》で木《き》の枝《えだ》を
手繰《たく》り寄《よ》せて
柔《やわ》らかい葉《は》などを
食《た》べていた

前肢《ぜんし》が後肢《こうし》より
はるかに長《なが》いため
背中《せなか》が傾斜《けいしゃ》する

え〜〜っと…

ねこぜはやめなさ〜い
おまえがいうな

のっし　のし

チンパンジーや
ゴリラのように
手《て》の甲《こう》を地面《じめん》につけて歩《ある》く
「ナックルウォーク」で
森林《しんりん》を歩《ある》いていたようだ

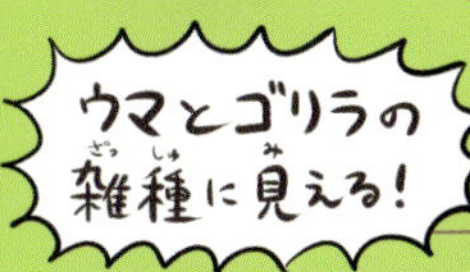
ウマとゴリラの
雑種《ざっしゅ》に見《み》える！

…と学者《がくしゃ》も
興奮気味《こうふんぎみ》だった
らしい

ゴリタウロス
ちがう そうじゃない

森林《しんりん》**の減少**《げんしょう》と共《とも》にカリコテリウムは姿《すがた》を消《け》したという…

イエスタデイ・ネバーモア

キャメロプス

<*Camelops hesternus*>

分類《ぶんるい》：哺乳綱鯨偶蹄目《ほにゅうこうげいぐうていもく》ラクダ科《か》

全長《ぜんちょう》：肩高《けんこう》2.1 m、体長《たいちょう》3 m / **推定体重《すいていたいじゅう》**：不明《ふめい》 / **生息域《せいそくいき》**：北《きた》アメリカ〜メキシコ / **絶滅《ぜつめつ》**：約《やく》1万年前《まんねんまえ》（第四紀更新世《だいよんきこうしんせい》/生息《せいそく》は新第三紀鮮新世《しんだいさんきせんしんせい》〜）

太古《たいこ》の北《きた》アメリカを歩《ある》いた在《あ》りし日《ひ》の巨大《きょだい》ラクダ

学名《がくめい》の「キャメロプス・ヘステルヌス」とは
「過《す》ぎ去《さ》りし日《ひ》のラクダ」という意味《いみ》

英語《えいご》では
「イエスタデイズ・
キャメル」とも

昨日《きのう》〜♪
キャメル
マッカート

長《なが》い首《くび》を含《ふく》めた高《たか》さは
2.4mにもなったという

おこづかい
ちょうだ〜い
おじさ〜ん

現生《げんせい》のラクダに
よく似《に》ているが
実《じつ》はアルパカや
リャマの近縁《きんえん》だとされる

だれが
おじさんだ

リャマたちと同《おな》じ特徴《とくちょう》が
キャメロプスの
頭蓋骨《とうがいこつ》・歯《は》・骨《ほね》に見《み》られる

ラクダ発祥《はっしょう》の地《ち》は意外《いがい》にも**北《きた》アメリカ！**
そこからユーラシアへ渡《わた》った種族《しゅぞく》は砂漠《さばく》に適応《てきおう》し砂漠《さばく》で、
南《みなみ》アメリカへ渡《わた》った種族《しゅぞく》は高山《こうざん》や草原《そうげん》で生活《せいかつ》する…
そして北《きた》アメリカにとどまったキャメロプスは
氷河期《ひょうがき》の草原《そうげん》で生《い》きるようになった

だが人類《じんるい》による狩猟《しゅりょう》などもあって
1万《まん》1400年前頃《ねんまえごろ》キャメロプスは絶滅《ぜつめつ》！
ラクダはその発祥《はっしょう》の地《ち》である北《きた》アメリカから完全《かんぜん》に姿《すがた》を消《け》した

現代人《げんだいじん》にできるのは「**在りし日のラクダ**《イエスタデイ》」の姿《すがた》を**想像**《イマジン》することだけだ…

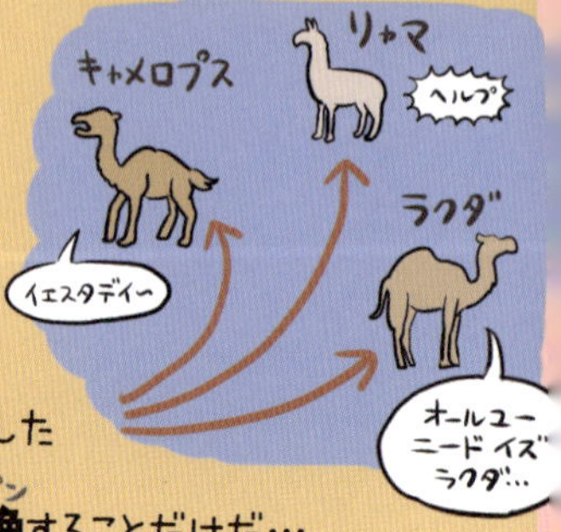
キャメロプス
リャマ
ヘルプ
ラクダ
イエスタデイ〜
オールユー
ニード イズ
ラクダ…

お肉《にく》大好《だいす》き！ 原始《げんし》のパンダ

シシュウマオ

<*Ailuaractos Lufengensis*>

分類《ぶんるい》：哺乳綱食肉目《ほにゅうこうしょくにくもく》クマ科《か》

全長《ぜんちょう》：1 m / **推定体重《すいていたいじゅう》**：不明《ふめい》 / **生息域《せいそくいき》**：中国《ちゅうごく》 / **絶滅《ぜつめつ》**：約《やく》800 万年前《まんねんまえ》（新第三紀中新世《しんだいさんきちゅうしんせい》）

800万年前頃《まんねんまえごろ》に生息《せいそく》していたクマ科《か》の生《い》き物《もの》
ジャイアントパンダの祖先《そせん》といわれる

竹《たけ》（笹《ささ》）などを食《た》べる草食動物《そうしょくどうぶつ》ではなく
肉食動物《にくしょくどうぶつ》だったようだ

PANDA
ZERO
いま明《あ》かされる はじまりー

漢字《かんじ》で**始熊猫《シシュウマオ》**
（はじまりのパンダ）

笹《ささ》くってる
場合《ばあい》じゃねえ
ガブウ
ウワーッ

パンダの消化器官《しょうかきかん》は
草食《そうしょく》の生活《せいかつ》に適応《てきおう》して
進化《しんか》した…と思《おも》いきや
肉食《にくしょく》だった頃《ころ》と
変《か》わっていない！

腸《ちょう》の長《なが》さ
ながい

パンダの腸《ちょう》の長《なが》さはトラなどの肉食動物《にくしょくどうぶつ》に近《ちか》く
ウシなどの長《なが》い腸《ちょう》をもつ草食動物《そうしょくどうぶつ》に比《くら》べて
植物《しょくぶつ》を消化《しょうか》するのはニガテである…

冬《ふゆ》に獲物《えもの》が見《み》つからないリスクを冒《おか》すより
雪《ゆき》の中《なか》でも枯《か》れない竹《たけ》（笹《ささ》）を
大量《たいりょう》に食《た》べる作戦《さくせん》を選《えら》んだのかもしれない

ムムム…
ゆとり世代《せだい》め…
？
モリ
モリ

シシュウマオたちパンダの祖先《そせん》は
竹《たけ》（笹《ささ》）を食《た》べて厳《きび》しい氷河期《きょうがき》を生《い》き抜《ぬ》き
山奥《やまおく》でひっそり暮《く》らすようになった…

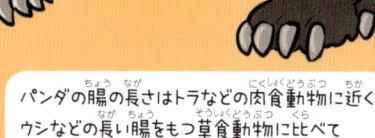

幻《まぼろし》と消《き》えたミッシングリンク！？

ダルウィニウス

〈*Darwinius masillae*〉

分類《ぶんるい》：哺乳綱霊長目《ほにゅうこうれいちょうもく》アダピス科《か》

全長《ぜんちょう》：58㎝ / **推定体重《すいていたいじゅう》**：不明《ふめい》 / **生息域《せいそくいき》**：現在《げんざい》のドイツ / **絶滅《ぜつめつ》**：約《やく》4700万年前《まんねんまえ》（古第三紀始新世《こだいさんきししんせい》）

標本《ひょうほん》の愛称《あいしょう》は「イーダ」

進化《しんか》の歴史《れきし》の空白部分《くうはくぶぶん》を「ミッシングリンク」と呼《よ》ぶが
ダルウィニウスは**霊長類《れいちょうるい》のミッシングリンクを埋《う》める**
動物《どうぶつ》かもしれない…と話題《わだい》となった！

ダルウィニウスが来《き》た！
来《き》ちゃダメ？

完璧《かんぺき》な保存状態《ほぞんじょうたい》の標本《ひょうほん》が発見《はっけん》され
（ヒト科《か》を含《ふく》む）直鼻猿類《ちょくびえんるい》である可能性《かのうせい》が
高《たか》いと発表《はっぴょう》されたのである

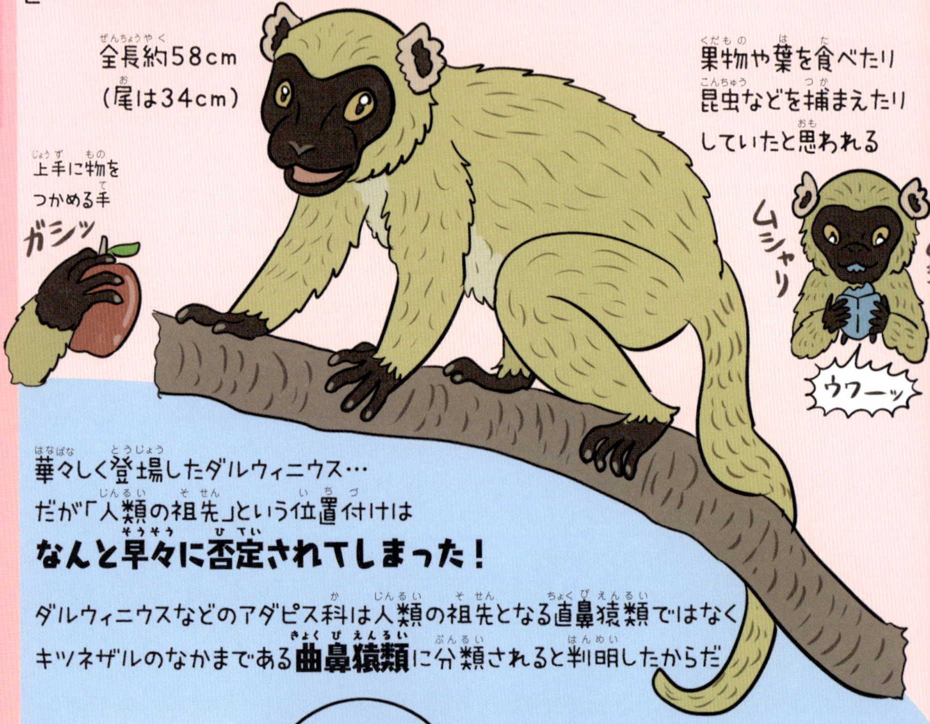
全長約《ぜんちょうやく》58cm
（尾《お》は34cm）
上手《じょうず》に物《もの》をつかめる手《て》
ガシッ
果物《くだもの》や葉《は》を食《た》べたり
昆虫《こんちゅう》などを捕《つか》まえたり
していたと思《おも》われる
ムシャリ
ウフーッ

華々《はなばな》しく登場《とうじょう》したダルウィニウス…
だが「人類《じんるい》の祖先《そせん》」という位置付《いちづ》けは
なんと早々《そうそう》に否定《ひてい》されてしまった！

ダルウィニウスなどのアダピス科《か》は人類《じんるい》の祖先《そせん》となる直鼻猿類《ちょくびえんるい》ではなく
キツネザルのなかまである**曲鼻猿類《きょくびえんるい》**に分類《ぶんるい》されると判明《はんめい》したからだ

ダルウィニウスが
曲鼻猿類《きょくびえんるい》であれば
人類《じんるい》には繋《つな》がらない
ことになる…

なんてこった
ダルウィニウス・コード

だがダルウィニウスは
曲鼻猿類《きょくびえんるい》には見《み》られない特徴《とくちょう》をもっている
という主張《しゅちょう》もある…
イーダが私《わたし》たちの祖先《そせん》である可能性《かのうせい》は
完全《かんぜん》に消《き》えたわけではないようだ…

太古《たいこ》のとぐろ

ティタノボア

<*Titanoboa cerrejonensis*>

分類《ぶんるい》：爬《は》虫綱有鱗目《ちゅうこうゆうりんもく》ボア科《か》

全長《ぜんちょう》：13 m / **推定体重《すいていたいじゅう》**：1.1 t / **生息域《せいそくいき》**：コロンビア / **絶滅《ぜつめつ》**：約《やく》5800 万年前《まんねんまえ》（古第三紀暁新世《こだいさんきぎょうしんせい》）

6000万年前《まんねんまえ》のコロンビアに生息《せいそく》した史上最大《しじょうさいだい》のヘビ！

ティタノボアの脊椎《せきつい》は
現生《げんせい》のボアの脊椎《せきつい》の
数倍《すうばい》の大《おお》きさを誇《ほこ》る

ボアの全長《ぜんちょう》が約《やく》3.4mであることを考《かんが》えると
推定《すいてい》されるティタノボアの
全長《ぜんちょう》は**13m！**
おそるべき巨体《きょたい》だ…！

水《みず》の中《なか》を泳《およ》ぎ回《まわ》って
時《とき》にはワニを
襲《おそ》うことも
あったという

筋肉《きんにく》の束《たば》のような体《からだ》で
獲物《えもの》を絞《し》め殺《ころ》す

推定体重《すいていたいじゅう》は
1t以上《いじょう》！

あごは180度《ど》まで開《ひら》き
自転車程度《じてんしゃていど》なら
丸呑《まるの》みできた
ようだ…！

その巨体《きょたい》ゆえに体温調節《たいおんちょうせつ》が難《むずか》しく絶滅《ぜつめつ》したと考《かんが》えられている…

デビルくるくる！？

パレオカスター

<*Palaeocastor fossor*>

分類《ぶんるい》：哺乳綱齧歯目《ほにゅうこうげっしもく》ビーバー科《か》

全長《ぜんちょう》：25～30㎝ / **推定体重《すいていたいじゅう》**：不明《ふめい》 / **生息域《せいそくいき》**：北《きた》アメリカ / **絶滅《ぜつめつ》**：約《やく》1600万年前《まんねんまえ》（新第三紀中新世前期《しんだいさんきちゅうしんせいぜんき》）

アメリカのロッキー山脈近《さんみゃくちか》くの乾燥《かんそう》した大草原《だいそうげん》で群《む》れで生息《せいそく》していたビーバーのなかま

荒野《こうや》で穴掘《あなほ》り！いにしえのビーバー

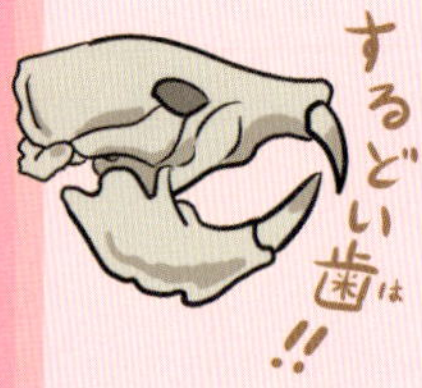
するどい歯は!!

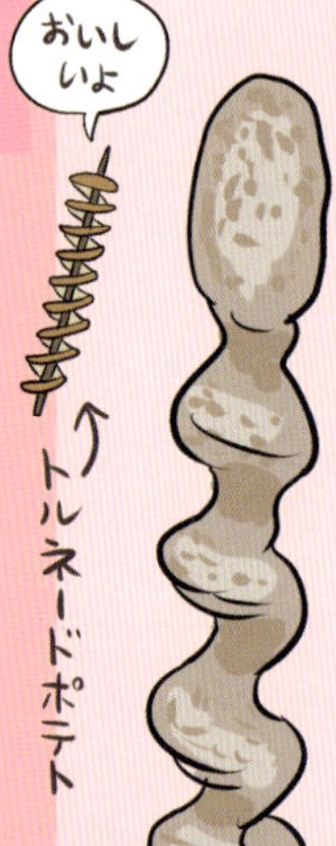
おいしいよ
トルネードポテト

この螺旋《らせん》を描《えが》くように
ねじれた形《かたち》の化石《かせき》が発見《はっけん》されたとき
その正体《しょうたい》が全《まった》くわからなかった

形《かたち》が似《に》ていたのでその化石《かせき》は
「**悪魔《あくま》のコルク栓抜《せんぬ》き**」と呼《よ》ばれていた

だが「栓抜《せんぬ》き」の先端《せんたん》から骨化石《ほねかせき》が
発見《はっけん》されたことで「栓抜《せんぬ》き」はパレオ
カスターの巣穴《すあな》であると判明《はんめい》した！

ケケケ
デビルせんぬき

ベッドで死ぬのがいちばん

ラクじゃねえ
ガリガリ
巣穴《すあな》は爪《つめ》でなく
歯《は》で掘《ほ》ったという

おちつく〜
なにかないかな〜

パレオカスターは
深《ふか》さ2.5mにもなる螺旋状《らせんじょう》の穴《あな》と
その先《さき》に水平《すいへい》に伸《の》びた部屋《へや》をもつ
巨大《きょだい》な巣穴《すあな》を掘《ほ》るということが
明《あき》らかになったのである

「悪魔《あくま》のコルク栓抜《せんぬ》き」のようにこれから
正体《しょうたい》が判明《はんめい》していくであろう不思議《ふしぎ》な
化石《かせき》がまだまだあるかもしれない…

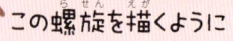

南《みなみ》アメリカの地《ち》をゆく巨大《きょだい》な鳥《とり》

フォルスラコス

〈*Phorusrhacos longissimus*〉

分類《ぶんるい》：鳥綱《ちょうこう》ノガンモドキ目《もく》フォルスラコス科《か》

全長《ぜんちょう》：1.6～3ｍ / **推定体重《すいていたいじゅう》**：不明《ふめい》 / **生息域《せいそくいき》**：南《みなみ》アメリカ / **絶滅《ぜつめつ》**：約《やく》500万年前《まんねんまえ》（新第三紀鮮新世《しんだいさんきせんしんせい》）

ガストルニスなど北半球《きたはんきゅう》の恐鳥類《きょうちょうるい》と違《ちが》い
約《やく》40万年前《まんねんまえ》まで生《い》きていた説《せつ》もある

獲物《えもの》を骨《ほね》ごと砕《くだ》く
強力《きょうりょく》なくちばし

イエイ
コラッ
おりろ
バキン
グワーッ
ごういっスね
ダチョウ
ウワーッ
ダダ
ダダダ
ちゅるり
ウワーッ
のどごし
さわやか
ヘビもまるのみ

翼《つばさ》は小《ちい》さく代《か》わりに
走行《そうこう》に適《てき》した
力強《ちからづよ》いあしをもった

ガストルニスと比《くら》べて
動《うご》きの速《はや》い哺乳類《ほにゅうるい》に
追《お》いつくことができるほど
素早《すばや》かったと思《おも》われる

あしの指《ゆび》の大《おお》きな爪《つめ》も
強力《きょうりょく》な武器《ぶき》だった！

現生《げんせい》の鳥類《ちょうるい》で最《もっと》も
近《ちか》いのはノガンモドキ

「恐《おそ》ろしい」肉食鳥《にくしょくちょう》フォルスラコスだが
北《きた》アメリカから移入《いにゅう》してきた**肉食動物《にくしょくどうぶつ》たちとの**
勢力争《せいりょくあらそ》いに敗北《はいぼく》して滅《ほろ》んだと考《かんが》えられる…

シャベルな巨象《きょぞう》

プラティベロドン

<*Platybelodon grangeri*>

分類《ぶんるい》：哺乳類長鼻目《ほにゅうるいちょうびもく》ゴンフォテリウム科《か》

全長《ぜんちょう》：約《やく》3ｍ / **推定体重《すいていたいじゅう》**：不明《ふめい》 / **生息域《せいそくいき》**：北《きた》アメリカ、ヨーロッパなど各地《かくち》 / **絶滅《ぜつめつ》**：400万年前《まんねんまえ》（新第三紀鮮新世《しんだいさんきせんしんせい》）

下《した》あごの先端《せんたん》がまるでシャベルのように長《なが》く発達《はったつ》している！

その下《した》あごで地面《じめん》の草《くさ》や水草《みずくさ》をすくい上《あ》げ、まるでチリトリとホウキを使《つか》うように口《くち》の奥《おく》へ運《はこ》んだとされる

プラティベロ
スコップ

ザバア〜

牙《きば》を木《き》の幹《みき》にこすりつけて木《き》の枝《えだ》を切断《せつだん》して葉《は》っぱを食《た》べていたらしい

次《つぎ》
かわって
てね
ガリ
ガリ
ウズ
ウズ

「爪《つめ》とぎ」ならぬ「牙《きば》とぎ」のような習性《しゅうせい》も……？

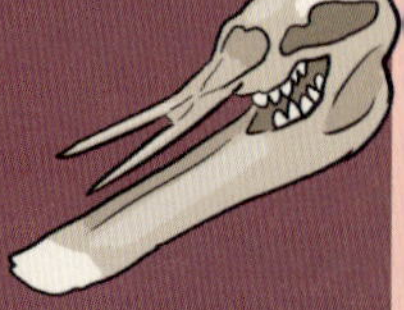

体高《たいこう》は2.6〜3mとゾウにしては小型《こがた》だが頭蓋骨《とうがいこつ》だけで1.8mもある

でかい
あたまでかい
アフリカゾウ
体高《たいこう》4〜5m
プラティベロドン

PART 2

新生代第四紀《しんせいだいだいよんき》①

更新世《こうしんせい》

約《やく》258万年前《まんねんまえ》～1万年前《まんねんまえ》

～新生代《しんせいだい》第四紀《だいよんき》更新世《こうしんせい》はこんな時代《じだい》～

期間《きかん》	約《やく》258万年前《まんねんまえ》～1万年前《まんねんまえ》
気候《きこう》	氷期《ひょうき》（寒《さむ》く、氷河《ひょうが》が発達《はったつ》する時期《じき》）と間氷期《かんぴょうき》（氷期《ひょうき》と氷期《ひょうき》の間《あいだ》の温暖《おんだん》な時期《じき》）を繰《く》り返《かえ》していた。
主《おも》な動物《どうぶつ》	・ヒト属《ぞく》が進化《しんか》し、現生《げんせい》の人類《じんるい》も出現《しゅつげん》した。 ・地球《ちきゅう》のさまざまな場所《ばしょ》で氷河《ひょうが》が発達《はったつ》して陸地《りくち》がつながったため、生物《せいぶつ》がさまざまなところへ移動《いどう》できるようになり、ヒトもいろいろな地域《ちいき》へ進出《しんしゅつ》していった。 ・マンモスなどの大型哺乳類《おおがたほにゅうるい》が発達《はったつ》したが、後期《こうき》には大型哺乳類《おおがたほにゅうるい》が大量《たいりょう》に絶滅《ぜつめつ》した。その原因《げんいん》にはヒトによる狩猟《しゅりょう》も含《ふく》まれ、ヒトによって絶滅《ぜつめつ》に追《お》い込《こ》まれる動物《どうぶつ》が現《あらわ》れるようになった。
主《おも》な植物《しょくぶつ》	氷河期《ひょうがき》にはブナ科《か》などからなる森林《しんりん》やイネ科植物《かしょくぶつ》などの草本類《そうほんるい》が見《み》られた。

ぜつめつニュース

生《い》きている化石《かせき》

太古《たいこ》の時代《じだい》から姿《すがた》を変《か》えずに生《い》きてきた生物《せいぶつ》を**生《い》きている化石《かせき》**といいます。これらの生物《せいぶつ》は、はるか昔《むかし》から、寒《さむ》さの厳《きび》しい氷期《ひょうき》も乗《の》り越《こ》え、現在《げんざい》まで生《い》き抜《ぬ》いています。

●**メタセコイア**：更新世《こうしんせい》に絶滅《ぜつめつ》したと考《かんが》えられていた植物《しょくぶつ》だが、1945年《ねん》、中国《ちゅうごく》で生《い》きているものが発見《はっけん》された。

●**イチョウ**：2億《おく》7000万年前頃《まんねんまえごろ》（ペルム紀《き》）に現《あらわ》れた植物《しょくぶつ》。

●**ヘルベンダー(アメリカオオサンショウウオ)**：アメリカにすむ、1億《おく》6100万年前《まんねんまえ》（ジュラ紀中期《きちゅうき》）から生《い》きているともいわれる両生類《りょうせいるい》。

●**シーラカンス**：シーラカンス目《もく》に属《ぞく》する、6500万年前《まんねんまえ》に絶滅《ぜつめつ》したとされていた魚《さかな》。寿命《じゅみょう》は100歳以上《さいいじょう》ともいわれ、長《なが》く生《い》きてもほとんど老化《ろうか》せず、不老《ふろう》の魚《さかな》ともいわれている。

●**ミツクリザメ**：1億《おく》2500万年前《まんねんまえ》（白亜紀《はくあき》）から生《い》き延《の》びている深海《しんかい》ザメ。

リアルキングコング

ギガントピテクス

〈*Gigantopithecus*〉

ジャングルを徘徊《はいかい》した超巨大《ちょうきょだい》な絶滅《ぜつめつ》霊長類《れいちょうるい》!

史上最大《しじょうさいだい》の霊長類《れいちょうるい》といわれている巨大類人猿《きょだいるいじんえん》！

現在《げんざい》の中国南部《ちゅうごくなんぶ》にあたる熱帯雨林《ねったいうりん》に
600万《まん》〜900万年《まんねん》にわたって生息《せいそく》していた

ゴリラのように
四足歩行《しそくほこう》(ナックルウォーク)
をしていたと考《かんが》えられる

うるさい
タカイタカイ
ううほほ

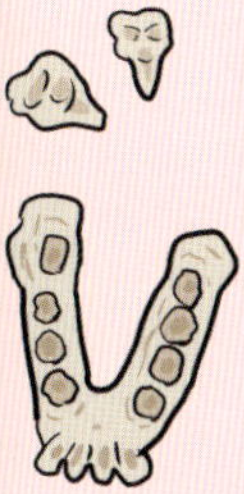

バラバラの歯《は》と
数点《すうてん》の下《した》あごの化石《かせき》しか
見《み》つかっていないが
歯《は》とあごの大《おお》きさから
身長《しんちょう》3mのものもいたと
推定《すいてい》されている

ウワーッ
たかい

…だが大《おお》きい
のは歯《は》やあごだけで
現実《げんじつ》には身長《しんちょう》1.8m程度《ていど》
(ゴリラくらい)の大《おお》きさだった
という説《せつ》も…？

ゴリゴリにウマイ
ゴリゴリ君
ブルーバナナ味
ゴリラでなぜわるい

ハングリーであれ ギガであれ

絶滅《ぜつめつ》した巨大類人猿《きょだいるいじんえん》ギガントピテクス…
巨大《きょだい》なボディは動物《どうぶつ》にとって有利《ゆうり》にはたらくはずだが
なぜ滅《ほろ》びたのだろうか…？

BIG BOSS

最大《さいだい》の問題《もんだい》は実《じつ》にシンプル…「大《おお》きすぎた」ことだ。
更新世《こうしんせい》の間《あいだ》に森林《しんりん》がすっかりサバンナに変化《へんか》してしまい、
ギガントピテクスがその巨体《きょたい》を維持《いじ》するための
食料《しょくりょう》が足《た》りなくなったのである。

ぎゅ〜ぐるぐる…
大変《たいへん》ね

一方《いっぽう》で
オランウータンのように
環境《かんきょう》に適応《てきおう》しながら生《い》き
延《の》びた霊長類《れいちょうるい》もいる…

ウェ〜イ

ギガントピテクスの
巨大《きょだい》で平《たい》らな臼歯《きゅうし》などから推定《すいてい》すると、
ジャイアントパンダと同《おな》じく
竹《たけ》(笹《ささ》)を主食《しゅしょく》としていたとの説《せつ》もある！
化石《かせき》の産地《さんち》から判断《はんだん》しても、
ジャイアントパンダとの競合《きょうごう》に
敗《やぶ》れた可能性《かのうせい》もあるかも…？

WIN
NER!

あん？
ああん！
GIGANTO
VS
GIANT

「巨人《きょじん》(ギガント)」の名《な》を冠《かん》する動物《どうぶつ》たちは
相容《あいい》れない存在《そんざい》なのかもしれない…！

分《ぶん》　類《るい》：哺乳綱霊長目《ほにゅうこうれいちょうもく》ショウジョウ科《か》　　全《ぜん》　長《ちょう》：2〜3m
推定体重《すいていたいじゅう》：300〜500kg　　生息域《せいそくいき》：中央《ちゅうおう》アジア、中国南西部《ちゅうごくなんせいぶ》
絶《ぜつ》　滅《めつ》：30万年前《まんねんまえ》？
備《び》　考《こう》：一時期《いちじき》は人類《じんるい》の祖先《そせん》とも考《かんが》えられていたが、現在《げんざい》では人類《じんるい》の進化系統《しんかけいとう》とは別系統《べつけいとう》の類人猿《るいじんえん》であることがわかっている。

毛《け》むくじゃら巨獣《きょじゅう》

ケナガマンモス

〈*Mammuthus primigenius*〉

「絶滅《ぜつめつ》した巨大動物《きょだいどうぶつ》」の王道中《おうどうちゅう》の王道《おうどう》!

第四紀更新世《だいよんきこうしんせい》の寒冷《かんれい》な氷河時代《ひょうがじだい》に登場《とうじょう》！

日本《にほん》でも北海道《ほっかいどう》に生息《せいそく》していた

意外《いがい》に小《ちい》さな耳《みみ》
厚《あつ》い脂肪《しぼう》
全身《ぜんしん》を覆《おお》う体毛《たいもう》
開閉可能《かいへいかのう》な肛門《こうもん》
大《おお》きく弧《こ》を描《えが》き曲《ま》がった牙《きば》
高《たか》くせり上《あ》がった額《ひたい》
牙《きば》1本《ほん》に**500万円《まんえん》**の値段《ねだん》がつくことも！
全身《ぜんしん》が寒《さむ》さを防《ふせ》ぐ「**耐寒仕様《たいかんしよう》**」だ！
手袋《てぶくろ》のように幅広《はばひろ》い鼻先《はなさき》で草《くさ》をごっそり引《ひ》き抜《ぬ》いて食《た》べていた

絶滅《ぜつめつ》した理由《りゆう》は今《いま》も激論《げきろん》が交《か》わされている

気候《きこう》の温暖化《おんだんか》によってケナガマンモスの好《この》む寒冷《かんれい》な草原地帯《そうげんちたい》が急激《きゅうげき》に失《うしな》われた……

あれ〜〜
森《もり》はえろ
草原《そうげん》が森林《しんりん》になる……

人類《じんるい》の「**裁縫技術《さいほうぎじゅつ》**」が絶滅《ぜつめつ》の原因《げんいん》という説《せつ》も？

なにその毛《け》!?
ウオオオ

防寒具《ぼうかんぐ》を縫《ぬ》えるようになりハンターがケナガマンモスの生息《せいそく》する極寒《ごっかん》の地《ち》までやってきたというわけだ

よみがえれ！氷《こおり》の大地《だいち》に眠《ねむ》るマンモス

シベリアの永久凍土《えいきゅうとうど》からはマンモスの「凍《こお》った遺骸《いがい》」が見《み》つかっている！

リューバ　2007年発見《ねんはっけん》

ロシアの北極圏《ほっきょくけん》で発見《はっけん》された
赤《あか》ちゃんマンモス

全長《ぜんちょう》
1m強《きょう》

ユカ　2010年発見《ねんはっけん》

更新世後期《こうしんせいこうき》（3万9000年前《ねんまえ》）の
永久凍土《えいきゅうとうど》から発掘《はっくつ》された

全長《ぜんちょう》
約《やく》3m

名前《なまえ》は発見地《はっけんち》の「ユカギル」にちなむ

口《くち》や食道《しょくどう》、気管《きかん》に泥《どろ》が詰《つ》まっていたことからぬかるみに沈《しず》んでしまったと考《かんが》えられる……。

だが保存状態《ほぞんじょうたい》はまさに「完璧《かんぺき》」！

がぼ
がぼ
つつつ

四肢《しし》や鼻《はな》も完全《かんぜん》に揃《そろ》っており
頭蓋骨《とうがいこつ》の中《なか》には脳《のう》も残《のこ》っていた。

凍《こお》った遺骸《いがい》のおかげでDNA情報《じょうほう》の解読《かいどく》が進《すす》み、「マンモス再生《さいせい》」も夢《ゆめ》ではない……！？

冷凍《れいとう》マンモスから
細胞《さいぼう》を取《と》り出《だ》し
核《かく》を分離《ぶんり》する。

ゾウの卵《らん》の核《かく》を
取《と》り除《のぞ》き、代《か》わりに
マンモスの核《かく》を
入《い》れる。

刺激《しげき》を与《あた》えて細《さい》
胞《ぼう》を分裂《ぶんれつ》させる。

この卵《らん》を
ゾウの子宮《しきゅう》に
着床《ちゃくしょう》させる。

やれやれ

ゾウからマン
モスの赤《あか》ん坊《ぼう》
が生《う》まれる。

オギャー
赤《あか》ンモス

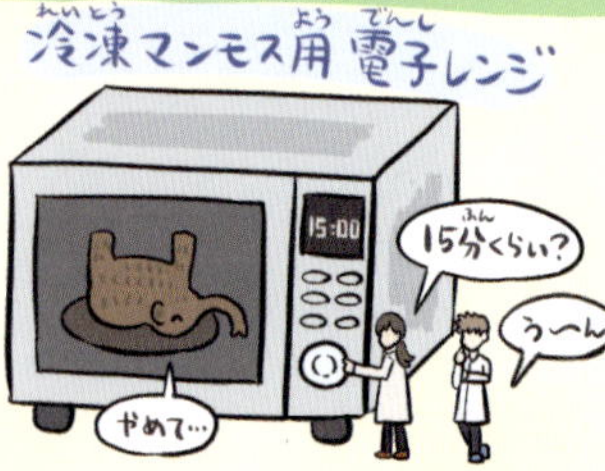
冷凍《れいとう》マンモス用《よう》電子《でんし》レンジ
15:00
15分《ふん》くらい？
う〜ん
やめて…

「復活《ふっかつ》」が
うまくいくかはまだ
未知数《みちすう》にせよ、**凍《い》てつく**
マンモスは計《はか》り知《し》れないほど
多《おお》くのことを人類《じんるい》に教《おし》えてくれる！

分《ぶん》　類《るい》：哺乳綱長鼻目《ほにゅうこうちょうびもく》ゾウ科《か》　　全《ぜん》　長《ちょう》：5.4m
推定体重《すいていたいじゅう》：不明《ふめい》　　生息域《せいそくいき》：シベリア、北《きた》アメリカ大陸《たいりく》
絶《ぜつ》　滅《めつ》：ほとんどは1万《まん》4000年《ねん》〜1万年前《まんねんまえ》
備《び》　考《こう》：別名《べつめい》「ウーリーマンモス」。一部《いちぶ》の個体群《こたいぐん》は紀元前《きげんぜん》2000年頃《ねんごろ》まで生《い》き残《のこ》っていたといわれる。

ジャイアントキリングねこ

スミロドン

〈*Smilodon fatalis*〉

必殺《ひっさつ》の牙《きば》と鋼《はがね》の筋肉《きんにく》で巨獣《きょじゅう》をしとめる巨大《きょだい》ねこ

南北《なんほく》アメリカの更新世《こうしんせい》を代表《だいひょう》するパワフルな大型肉食獣《おおがたにくしょくじゅう》！

現在《げんざい》のライオンと同等《どうとう》以上《いじょう》の大《おお》きさ、格闘戦《かくとうせん》に特化《とっか》した肉体《にくたい》をもつ！

え〜ん…

研《と》ぎ澄《す》まされた
刃物《はもの》のような長《なが》い牙《きば》！

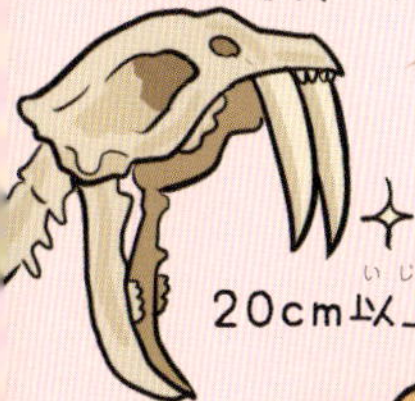

20cm以上《いじょう》

あごは最大《さいだい》
120度《ど》まで
開《ひら》いたという

犬歯《けんし》が折《お》れた化石《かせき》も
見《み》つかっているが
意外《いがい》と生《い》き残《のこ》れた
らしい

群《む》れをつくって
いたのかも？

短《みじか》い
尻尾《しっぽ》

マッチョな体《からだ》つき！

体重《たいじゅう》は現在《げんざい》のライオンの
2倍《ばい》以上《いじょう》あったという……

ウワーッ
ガルルル
ドスッ

マンモスなどの
大型《おおがた》哺乳類《ほにゅうるい》に
その長《なが》い犬歯《けんし》を突《つ》き立《た》て
厚《あつ》い皮膚《ひふ》の下《した》の
血管《けっかん》を切《き》り裂《さ》いて
失血死《しっけつし》させたという！

なんだコラー
よこせコラー

ダイアウルフと
獲物《えもの》を奪《うば》い合《あ》う
こともあったかも？

この世界《せかい》の片《かた》スミ（ロドン）に

カリフォルニアのランチョ・ラ・ブレアにある「タールだまり」からはさまざまな動物《どうぶつ》の化石《かせき》が見《み》つかる！

ウワーッ
ズブ
うまそぇ〜
なになに
ズブ

一度《いちど》ハマると抜《ぬ》け出《だ》せないタールの沼《ぬま》にはゾウなどの大型哺乳類《おおがたほにゅうるい》がハマることも多《おお》かったようだ…！

その叫《さけ》びを聞《き》きつけたスミロドンたち肉食獣《にくしょくじゅう》は群《む》れをなして集《あつ》まってきたことだろう。

だがなんとタールだまりから発見《はっけん》される化石《かせき》の実《じつ》に 30% はスミロドンのものである！
もがいている獲物《えもの》にうっかり飛《と》びかかりそのまま自分《じぶん》も溺《おぼ》れ死《じ》んでしまった可能性《かのうせい》も高《たか》いらしい…！

ウワーッ
注意
絶対《ぜったい》
ハマります
ハマるって言《い》ったのに
ズブ
ズブ

さらにタールだまりから発見《はっけん》される化石《かせき》の 50% は（ライバルの）ダイアウルフ！

どちらの肉食獣《にくしょくじゅう》も**注意力《ちゅういりょく》がやや未発達《みはったつ》だった**といわざるを得《え》ない…。

しかし彼《かれ》らの不注意《ふちゅうい》と不幸《ふこう》こそが、タールの中《なか》に保存《ほぞん》された良質《りょうしつ》な化石《かせき》を生《う》み出《だ》し、現代《げんだい》までその姿《すがた》かたちを鮮《あざ》やかに伝《つた》えてくれる…なんとも皮肉《ひにく》な話《はなし》である。

アメリカンライオンの化石《かせき》は
全体《ぜんたい》のわずか 2.6%
なんだコラー
うるせぇー
なにやってんだか
ズブ
ズブ…

分《ぶん》　類《るい》：哺乳綱食肉目《ほにゅうこうしょくにくもく》ネコ科《か》　全《ぜん》　長《ちょう》：2m
推定体重《すいていたいじゅう》：220 ～ 360kg　生《せい》息《そく》域《いき》：南北《なんぼく》アメリカ
絶《ぜつ》　滅《めつ》：約《やく》1万年前《まんねんまえ》
備《び》　考《こう》：スミロドンのあごは、現生種《げんせいしゅ》のライオンの2倍開《ばいひら》く（ライオンは 60 度《ど》）が、噛《か》む力《ちから》はライオンの 1/3 程度《ていど》しかなかったと考《かんが》えられている。

恐怖《きょうふ》の古代《こだい》オオカミ？

ダイアウルフ 〈*Canis dirus*〉

オオカミの王失脚《おうしっきゃく》への道《みち》

ダイア(dire＝恐《おそ》ろしい)という名《な》にふさわしく 生態系《せいたいけい》のトップに君臨《くんりん》した「恐《おそ》ろしき」オオカミ！

イヌ科動物《かどうぶつ》としては史上最重量級《しじょうさいじゅうりょうきゅう》！

まさに「**オオカミの王《おう》**」と呼《よ》ぶにふさわしい

狼王《おおかみおう》ロボ
ギャオーーン
それ ちがう ロボ
ガルルルル
ウウーッ

ハイエナのように大《おお》きな群《む》れをつくって
体重《たいじゅう》600kgにもなるバイソンなども
倒《たお》して狩《か》っていたようだ

よしよし
ドラマ 『ゲーム・オブ・スローンズ』 にも出《で》てくる
クゥ〜ン
フン
丸《まる》くなりやがって…
こいつは出《で》ない

現生《げんせい》のオオカミよりも
がっしりした体型《たいけい》

ランチョ・ラ・ブレアの
博物館《はくぶつかん》には
タールに落《お》ちた
ダイアウルフの頭蓋骨《とうがいこつ》が
大量《たいりょう》に展示《てんじ》されている

博物館《はくぶつかん》に400点《てん》も！

ひえっ

新生代第四紀（更新世）

ラン・ウルフ・ラン！

強大《きょうだい》なダイアウルフはなぜ絶滅《ぜつめつ》したのだろう…？

ライオン
スミロドン
ヒト
強敵《ライバル》たち―!!

まずアメリカンライオンやスミロドン、そしてヒトのような強力《きょうりょく》なライバルが当時《とうじ》の北《きた》アメリカには存在《そんざい》していたことが大《おお》きい。

がキ
ガキ
アガガガ

獲物《えもの》の奪《うば》い合《あ》いの激《はげ》しさゆえか、硬《かた》い骨《ほね》をかじることも多《おお》く、歯《は》が折《お》れている化石《かせき》も…。

ボロ…
ひ～ん

こうした（ヒトを含《ふく》む）種《しゅ》どうしの激《はげ》しい競争《きょうそう》に、ダイアウルフは敗《やぶ》れてしまったと考《かんが》えられる。

しかし、なぜダイアウルフよりも体《からだ》が小《ちい》さく弱《よわ》いはずのハイイロオオカミが生《い》き残《のこ》ったのだろう…？

命運《めいうん》を分《わ》けたのはスタミナとあしの構造《こうぞう》だったようだ。

ちょ…
タンマ…
Tired《タイアード》
Wolf《ウルフ》
ハァ
ハァ
ウワーッ
ガルルルル
ルル

北方出身《ほっぽうしゅっしん》のハイイロオオカミはヘラジカを長距離追跡《ちょうきょりついせき》して捕《つか》まえることに慣《な》れていた。

短距離《たんきょり》ランナーのダイアウルフは、体力的《たいりょくてき》にもあしの構造的《こうぞうてき》にも、長距離《ちょうきょり》の狩《か》りに向《む》いていなかったのかもしれない。

絶滅《ぜつめつ》の理由《りゆう》はまだ謎《なぞ》だらけだが、強大《きょうだい》な肉体《にくたい》をもつものが必《かなら》ずしも生存競争《せいぞんきょうそう》に勝《か》つとは限《かぎ》らない…。絶滅動物《ぜつめつどうぶつ》の歴史《れきし》がそれを証明《しょうめい》しているのである。

分《ぶん》　類《るい》：哺乳綱食肉目《ほにゅうこうしょくにくもく》イヌ科《か》
全《ぜん》　長《ちょう》：1.5～2ｍ　　推定体重《すいていたいじゅう》：90kg
生《せい》息《そく》域《いき》：北《きた》アメリカ、南《みなみ》アメリカ北部《ほくぶ》
絶《ぜつ》　滅《めつ》：約《やく》1万年前《まんねんまえ》
備《び》　考《こう》：現生種《げんせいしゅ》のタイリクオオカミより３割《わり》ほど噛《か》む力《ちから》が強《つよ》かったと推定《すいてい》されている。

海《うみ》の底《そこ》からこんにちは

ナウマンゾウ 〈*Palaeoloxodon naumanni*〉

日本中《にほんじゅう》から見《み》つかっている日本《にほん》を代表《だいひょう》する化石《かせき》ゾウ！

日本《にほん》のゾウの化石《かせき》の中《なか》では圧倒的《あっとうてき》に多数《たすう》の化石《かせき》が見《み》つかっている

化石産地《かせきさんち》は北海道《ほっかいどう》から九州《きゅうしゅう》まで百数十箇所《ひゃくすうじゅっかしょ》にのぼる

ジャパオーン
JAPAON

日本橋《にほんばし》の地下鉄駅《ちかてつえき》の工事中《こうじちゅう》にも
3体《たい》の化石《かせき》が発見《はっけん》された！

ZOUCA
ぴぴっ

日本最古《にほんさいこ》の化石《かせき》は
35万年前《まんねんまえ》のもの

ベレー帽《ぼう》のような
頭部《とうぶ》のでっぱりが
最大《さいだい》の特徴《とくちょう》

OSHARE
なう

2.5mにもなる牙《きば》

最初《さいしょ》の化石《かせき》は
明治初期《めいじしょき》に
横須賀《よこすか》で発見《はっけん》

「お雇《やと》い外国人教師《がいこくじんきょうし》」ナウマンが
研究《けんきゅう》し献名《けんめい》された

瀬戸内海《せとないかい》の海底《かいてい》にはナウマンゾウの化石《かせき》が埋《う》まった地層《ちそう》があり、
それが海水《かいすい》の流《なが》れで削《けず》られて**たくさんの化石《かせき》が海底《かいてい》に姿《すがた》を見《み》せる…**
それらが引《ひ》き上《あ》げられ、日本《にほん》のナウマンゾウ研究《けんきゅう》は大《おお》きく進展《しんてん》した！

ウワーッ
とったどー
とぼっちう
化石《かせき》が漁網《ぎょもう》に
かかることも

新生代第四紀（更新世）

ナウマン vs マンモス !? 進撃《しんげき》の巨象《きょぞう》

NOW

MOS

温暖《おんだん》な気候《きこう》を好《この》み森林《しんりん》で暮《く》らすナウマンゾウ、
寒冷《かんれい》な気候《きこう》に強《つよ》く草原《そうげん》を好《この》むケナガマンモス。
同《おな》じ更新世《こうしんせい》の巨象《きょぞう》だが両者《りょうしゃ》は対照的《たいしょうてき》だ。

そんな2種《しゅ》がせめぎ合《あ》う「前線《ぜんせん》」は
なんと（今《いま》でいう）北海道《ほっかいどう》だった！

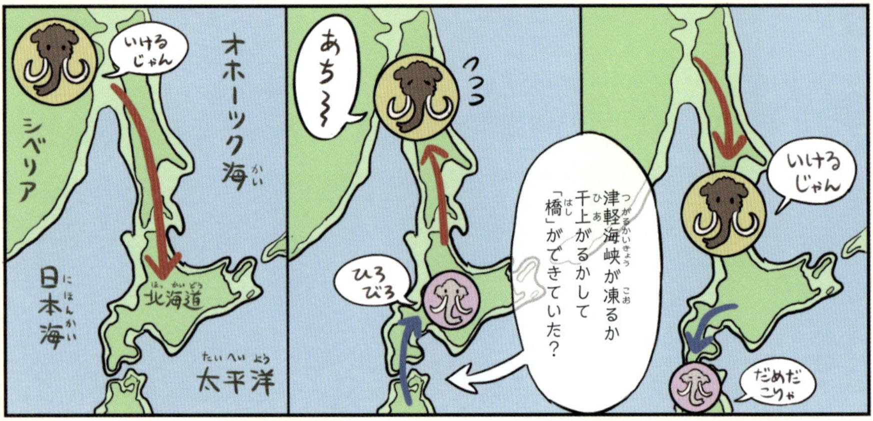

いけるじゃん
オホーツク海《かい》
シベリア
日本海《にほんかい》
北海道《ほっかいどう》
太平洋《たいへいよう》
あち〜
ひろびろ
津軽海峡《つがるかいきょう》が凍《こお》るか干上《ひあ》がるかして「橋《はし》」ができていた？
いけるじゃん
だめだこりゃ

4万《まん》8000年前《ねんまえ》

海水面《かいすいめん》の低下《ていか》で北海道《ほっかいどう》はシベリアと陸続《りくつづ》きになり、ケナガマンモスが「侵攻《しんこう》」！

3万《まん》5000年前《ねんまえ》

更新世《こうしんせい》の寒気《かんき》が緩《ゆる》みケナガマンモスは一旦北《いったんきた》に「撤退《てったい》」…。そしてナウマンゾウが本州《ほんしゅう》から北上《ほくじょう》！

2万年前《まんねんまえ》

再《ふたた》び寒気《かんき》が戻《もど》りケナガマンモスの好《この》む草原《そうげん》が増加《ぞうか》…。ナウマンゾウは本州《ほんしゅう》に「撤《てっ》退《たい》」して、ケナガマンモスは「再侵攻《さいしんこう》」

両種《りょうしゅ》とも自分《じぶん》の好《この》む植物《しょくぶつ》が少《すく》ない場所《ばしょ》でも生活《せいかつ》できたともいわれ、正反対《せいはんたい》の巨象《きょぞう》が「共生《きょうせい》」していた可能性《かのうせい》もあるという。北海道《ほっかいどう》は日本《にほん》の「ゾウの最前線《さいぜんせん》」として熱《あつ》い注目《ちゅうもく》の的《まと》だ…！

ナウマンモスよ 大志《たいし》を抱《いだ》け
ZOUS BE AMBITIOUS

分《ぶん》　類《るい》：哺乳綱長鼻目《ほにゅうこうちょうびもく》ゾウ科《か》　全《ぜん》　長《ちょう》：5m
推定体重《すいていたいじゅう》：4～5t　生息域《せいそくいき》：アジア（日本《にほん》、中国《ちゅうごく》）　絶《ぜつ》　滅《めつ》：1万《まん》5000年前《ねんまえ》
備《び》　考《こう》：学名《がくめい》は、日本《にほん》でゾウの化石《かせき》をはじめて研究《けんきゅう》したドイツの地質学者《ちしつがくしゃ》、ハインリッヒ・エドムント・ナウマン博士《はかせ》の業績《ぎょうせき》を記念《きねん》して槇山次郎《まきやまじろう》により献名《けんめい》され、それに伴《ともな》い和名《わめい》も「ナウマンゾウ」となった。

骨《ほね》のあるクマ

ホラアナグマ

〈Ursus spelaeus〉

多《おお》くのことを語《かた》ってくれる更新世《こうしんせい》で最恐《さいきょう》の動物《どうぶつ》!？

約《やく》30万年前《まんねんまえ》に登場《とうじょう》した古代《こだい》グマ！ ヒグマ並《なみ》の大《おお》きさを誇《ほこ》る

H ヒ
G グ
M マ
H ホ
G ラアナグ
M マ
略称《りゃくしょう》変《か》えろよ

ホラアナグマは
ヒグマの近縁種《きんえんしゅ》だ

ヒグマとの違《ちが》いはひたいが
せり上《あ》がり鼻面《はなづら》とひたいの
間《あいだ》に段差《だんさ》があること

洞窟壁画《どうくつへきが》には
ホラアナグマの
絵《え》が描《えが》かれている

寿命《じゅみょう》は20年程度《ねんていど》
（ヒグマは25年《ねん》ほど）

体長《たいちょう》2.5mほど

巨大《きょだい》な手《て》!

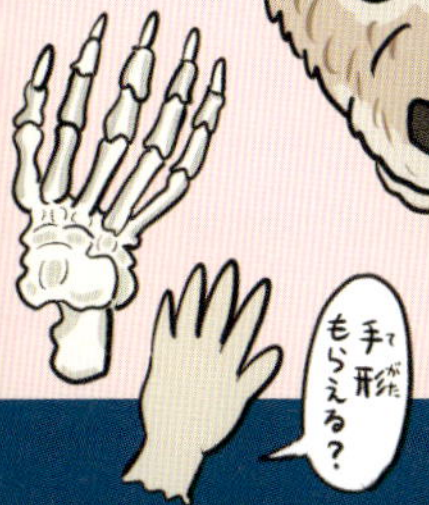
手形《てがた》もらえる？

ホラアナグマはヒグマよりも奥歯《おくば》の磨耗《まもう》が激《はげ》しい
繊維《せんい》を含《ふく》む植物《しょくぶつ》やその根《ね》を大量《たいりょう》に食《た》べていたかもしれない

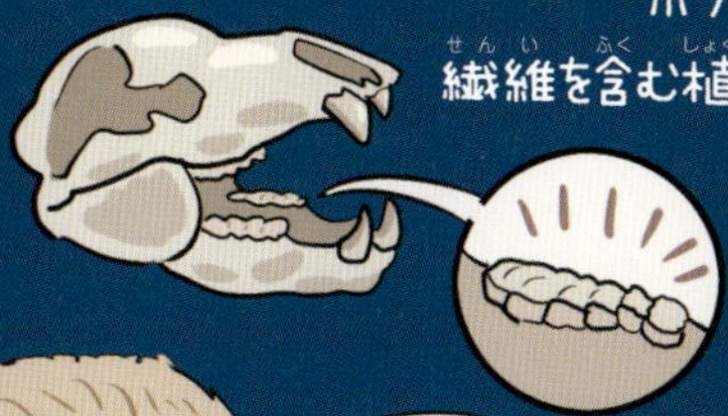

はごたえ
バリバリ

ホラアナグマは約《やく》2万《まん》8000年前《ねんまえ》に滅《ほろ》びた
氷河期《ひょうがき》が終《お》わって気候《きこう》が変《か》わり森《もり》が広《ひろ》がったこと、
さらに同《おな》じ雑食動物《ざっしょくどうぶつ》であるヒグマとの競争《きょうそう》に
負《ま》けたことで絶滅《ぜつめつ》したと考《かんが》えられる…
人類《じんるい》による狩《か》りの影響《えいきょう》も大《おお》きかっただろう

ボーン・くまデンティティ

ホラアナグマの化石《かせき》はユーラシア北部《ほくぶ》の洞窟《どうくつ》で見《み》つかりやすい。

ルーマニアの「ベア・ケイブ（クマの洞窟《どうくつ》）」では、140以上《いじょう》の化石《かせき》が発見《はっけん》された。
また、ドイツの洞窟《どうくつ》からは、人類《じんるい》が冬眠中《とうみんちゅう》のホラアナグマを狩《か》った証拠《しょうこ》やホラアナグマの骨《ほね》を道具《どうぐ》や燃料《ねんりょう》に使《つか》った跡《あと》が見《み》つかった。

気温《きおん》が摂氏《せっし》12～15度《ど》に保《たも》たれ
紫外線《しがいせん》も防《ふせ》げる洞窟《どうくつ》は
化石《かせき》にとって理想的《りそうてき》

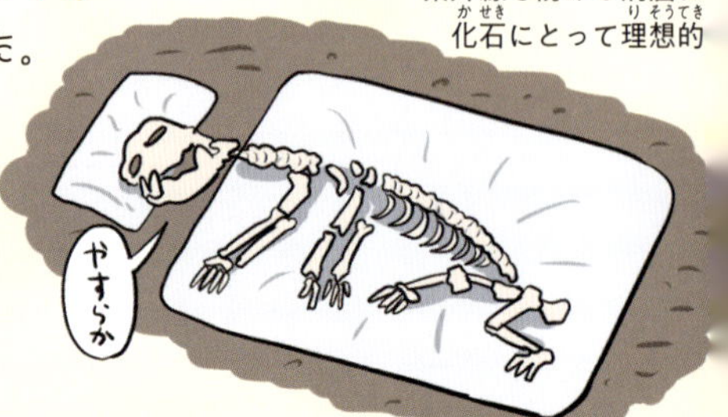

やすらか

氷河期《ひょうがき》には燃《も》やせる薪《まき》がないので
骨《ほね》は貴重《きちょう》な
燃料《ねんりょう》だったのだ。

ユリくまたき火《び》
メラメラ

ビッグなクマゴン
MY BIG BEAR

中世《ちゅうせい》の中央《ちゅうおう》ヨーロッパでは、
ホラアナグマの化石《かせき》は
ドラゴンやユニコーンの骨《ほね》
だと考《かんが》えられていたらしい
（そのため化石《かせき》は粉々《こなごな》に砕《くだ》かれて
薬《くすり》として販売《はんばい》されていたという…）。

ホラアナグマ
ヒグマ
ホッキョクグマ
?
フフフ…

フランス南部《なんぶ》のショーベ洞窟《どうくつ》で発見《はっけん》された3万《まん》2000年前《ねんまえ》のホラアナグマの骨《ほね》のDNAを分析《ぶんせき》して、ヒグマとホッキョクグマとホラアナグマの共通《きょうつう》の祖先《そせん》が約《やく》160万年前《まんねんまえ》に存在《そんざい》していたことも判明《はんめい》した。

「最恐《さいきょう》の猛獣《もうじゅう》」ホラアナグマの骨《ほね》は人類《じんるい》の糧《かて》となり、人々《ひとびと》にロマンを与《あた》え、クマの起源《きげん》を雄弁《ゆうべん》に語《かた》ってくれるかけがえのない遺産《いさん》なのである…。

分《ぶん》　類《るい》：哺乳綱食肉目《ほにゅうこうしょくにくもく》クマ科《か》　　全《ぜん》　長《ちょう》：３m程度《ていど》
推定体重《すいていたいじゅう》：雄《おす》450kg、雌《めす》230kg前後《ぜんご》　　生息域《せいそくいき》：西《にし》ヨーロッパ～コーカサス地方《ちほう》
絶《ぜつ》　滅《めつ》：約《やく》2万《まん》8000年前《ねんまえ》
備《び》　考《こう》：化石《かせき》の産出量《さんしゅつりょう》が多《おお》かったため、第一次世界大戦《だいいちじせかいたいせん》ではリン酸塩《さんえん》の原料《げんりょう》として大量《たいりょう》に消費《しょうひ》された。

暗闇《くらやみ》の獅子《しし》

ホラアナライオン 〈*Panthera leo spelaea*〉

洞窟《どうくつ》で暮《く》らし 洞窟《どうくつ》に描《えが》かれ洞窟《どうくつ》で死《し》んだ古代《こだい》ライオン

アフリカライオンの先祖《せんそ》と約《やく》1900万年前《まんねんまえ》に分岐《ぶんき》した原始《げんし》のライオン！

約《やく》260万《まん》〜1万年前《まんねんまえ》までの更新世《こうしんせい》に生息《せいそく》していた

化石《かせき》は洞窟《どうくつ》で発見《はっけん》されることが多《おお》く
ホラアナライオンの名前《なまえ》の由来《ゆらい》となった
洞窟《どうくつ》はよいすみかだったのだろう

ホラアナと雪《ゆき》のライオン
ゆきだるま つくー
やめとけ
いろんなイミで

3m以上《いじょう》の大《おお》きさ

ホラアナライオンは
現生《げんせい》のライオンのような
たてがみをもって
いなかったようだ

さむくないの
ちょっとさむい
さむくないわ

乾燥《かんそう》した寒冷《かんれい》な草原《そうげん》を好《この》み
ウマやシカなどを食《た》べたという

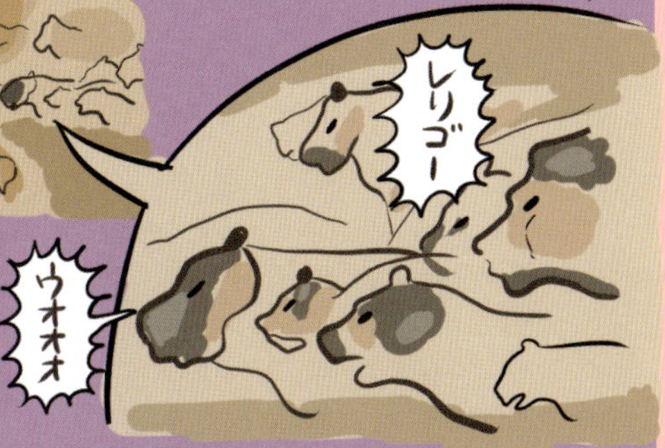
レリゴー
ウオオオ

フランスのラスコー洞窟《どうくつ》で
2万年前《まんねんまえ》に描《えが》かれた壁画《へきが》に
ホラアナライオンが描《えが》かれている

冷凍《れいとう》・イット・ゴー

2015年《ねん》、ロシアの東部《とうぶ》にある永久凍土《えいきゅうとうど》から
氷漬《こおりづ》けのホラアナライオンの子《こ》どもが発見《はっけん》された！
うち１頭《とう》は毛皮《けがわ》までそのまま保存《ほぞん》されていた…。

うう…
いま何年《なんねん》…？
へいせい？
しらんけど

冷凍《れいとう》ミイラは
30cm前後《ぜんご》で
イエネコと
ほぼ同《おな》じ大《おお》きさ

FROZEN

少《すく》なくとも１万年《まんねん》の間《あいだ》
この状態《じょうたい》だったようだ…。

先史時代《せんしじだい》のネコ科動物《かどうぶつ》がこれほどきれいな状態《じょうたい》で発見《はっけん》されたのは初《はじ》めてのことだ（ホラアナライオンの化石《かせき》はこれまで骨《ほね》と足跡《あしあと》だけだった）。

2017年《ねん》にもシベリア東部《とうぶ》の川《かわ》のほとりで子《こ》どものミイラが見《み》つかっている。
四肢《しし》は完全《かんぜん》に揃《そろ》っており皮膚《ひふ》には傷《きず》もない。

生《う》まれた直後《ちょくご》に
すみかの洞穴《どうけつ》が
崩壊《ほうかい》したと思《おも》われる…。

ガラ
ガラ
ウワーッ

その保存状態《ほぞんじょうたい》のパーフェクト具合《ぐあい》から、
DNA復元《ふくげん》ができれば将来的《しょうらいてき》にはクローン技術《ぎじゅつ》で
ホラアナライオンを復元《ふくげん》できる可能性《かのうせい》もあるという！
いつの日《ひ》か１万年前《まんねんまえ》のありのままの姿《すがた》で
動《うご》き回《まわ》るホラアナライオンの姿《すがた》を
目《ま》の当《あ》たりにできるかもしれない…。

♪
ありの〜
やめなさいっての
よんだ？
アリ

分《ぶん》　類《るい》：哺乳綱食肉目《ほにゅうこうしょくにくもく》ネコ科《か》
全《ぜん》　長《ちょう》：3.2〜3.5ｍ　推定体重《すいていたいじゅう》：300kg以上《いじょう》
生息域《せいそくいき》：ヨーロッパ、アジア
絶《ぜつ》　滅《めつ》：約《やく》１万年前《まんねんまえ》（5500年前《ねんまえ》という説《せつ》もある）
備《び》　考《こう》：「ドウクツライオン」、「ケーブライオン」ともいう。史上最大《しじょうさいだい》のネコ科動物《かどうぶつ》。

メガトン・スロー

メガテリウム・アメリカヌム

<*Megatherium americanum*>

その巨体《きょたい》、まるでゾウ! XXL《ちょうビッグ》サイズのナマケモノ

あら～～～
のせてってへ
ウワーッ
おっ
よっこいしょ
のし
のし
ヤッホ～
?

南《みなみ》アメリカ大陸《たいりく》に生息《せいそく》した史上最大《しじょうさいだい》の地上性《ちじょうせい》ナマケモノのなかまだ

立《た》ち上《あ》がって長《なが》い舌《した》を伸《の》ばしキリンのように木《き》の葉《は》を食《た》べた

木登《きのぼ》りはできない…

全長《ぜんちょう》5～6mに達《たっ》する**圧倒的巨体**《あっとうてききょたい》の持《も》ち主《ぬし》!

体重《たいじゅう》は約《やく》3t!

すべてのあしに巨大《きょだい》なかぎ爪《づめ》が生《は》えている

トラックよりも大《おお》きい…!

普段《ふだん》は長《なが》く太《ふと》いかぎ爪《づめ》の甲《こう》の側《がわ》を地面《じめん》につけて歩《ある》いていたようだが丈夫《じょうぶ》な尻尾《しっぽ》と頑丈《がんじょう》な後《うし》ろあしで立《た》ち上《あ》がることもできた

子《こ》どもが小《ちい》さいうちはオオアリクイのように背《せ》に乗《の》せて運《はこ》んでいた?

誰《だれ》が殺《ころ》したアイアン・ジャイアント

全長《ぜんちょう》6mに体重《たいじゅう》3～6tの巨体《きょたい》、
大《おお》きくて頑丈《がんじょう》なあごに太《ふと》いかぎ爪《づめ》をもち、
皮膚《ひふ》の下《した》には硬《かた》い装甲《そうこう》が発達《はったつ》していた
という説《せつ》まであるメガテリウム…。
まさに「巨獣《きょじゅう》」を意味《いみ》する
学名《がくめい》(*Megatherium*)にふさわしい
破壊力《はかいりょく》と鋼《はがね》のボディをもつ
ほとんど「無敵《むてき》」の動物《どうぶつ》だったはずだ。

ウォオオオオ
巨大不明《きょだいふめい》
ナマケモノ
無《ぶ》粋《すい》ツリー
あくまでイメージです

そんなメガテリウムが滅《ほろ》んでしまった
きっかけは約《やく》1万《まん》3000年前《ねんまえ》にさかのぼる。
極寒《ごっかん》の氷河期《ひょうがき》が終《お》わって厚《あつ》い氷《こおり》がとけ、
ロッキー山脈《さんみゃく》の東側《ひがしがわ》の川沿《かわぞ》いに
大平原《だいへいげん》が出現《しゅつげん》した。
そこにやってきた「ハンター」
…それが人類《じんるい》だったのだ！

グワーッ
オラァアアア

動《うご》きの鈍《にぶ》い巨体《きょたい》をもつ動物《どうぶつ》は
絶好《ぜっこう》の獲物《えもの》になってしまった。

草原《そうげん》に火《ひ》を放《はな》って
崖《がけ》や沼《ぬま》に追《お》い詰《つ》めたとも…？

オォオオオ
くちくしてやる
ギャー

ついに「ヒト」が本格的《ほんかくてき》に
動物《どうぶつ》にとって最恐《さいきょう》の「ハンター」として
猛威《もうい》を振《ふ》るい始《はじ》めたというわけだ…。

分《ぶん》　類《るい》：哺乳綱有毛目《ほにゅうこうゆうもうもく》メガテリウム科《か》
全《ぜん》　長《ちょう》：5～6m　推定体重《すいていたいじゅう》：3t
生《せい》息《そく》域《いき》：南北《なんぼく》アメリカ
絶《ぜつ》　滅《めつ》：約《やく》1万年前《まんねんまえ》
備《び》　考《こう》：和名《わめい》は「オオナマケモノ」。

あしながくまさん

アルクトテリウム

<*Arctotherium angustidens*>

分類《ぶんるい》：哺《ほ》乳綱《にゅうこう》食肉目《しょくにくもく》クマ科《か》

全長《ぜんちょう》：3.5ｍ（体高《たいこう》1.7ｍ）／**推定体重《すいていたいじゅう》**：1.6ｔ／**生息域《せいそくいき》**：南《みなみ》アメリカ（アルゼンチン）／**絶滅《ぜつめつ》**：約《やく》50万年前《まんねんまえ》

別名《べつめい》：ジャイアント・
ショートフェイス・ベア

立《た》ち上《あ》がったときの高《たか》さは
3.5mにも達《たっ》した

鼻《はな》っ面《つら》は
短《みじか》く、クマ
というより
ライオンなどの
ネコ科《か》動物《どうぶつ》に
似《に》ていた…？

ぴーす

金《きん》太《た》郎《ろう》
すもうとる？
やめとけ

ヘビー級《きゅう》の重量《じゅうりょう》は
大型動物《おおがたどうぶつ》を襲《おそ》う
サーベルタイガー
などを遠《とお》ざける
といった利点《りてん》も

巨体《きょたい》にもかかわらず
四肢《しし》はとても長《なが》く
スリムな体型《たいけい》

くまのアルクトン
マナーがくまをつくる
スラリ

長《なが》い四肢《しし》で
俊敏《しゅんびん》に走《はし》っていた
という

ダーッ

そんな走《はし》り方《かた》
じゃないよね
ぜったい

ん？

現生種《げんせいしゅ》の
クマの中《なか》では
メガネグマが
最《もっと》も近《ちか》い

ジャイアント（ユニ）コーン！？

エラスモテリウム

〈*Elasmotherium sibiricum*〉

分類《ぶんるい》：哺乳綱奇蹄目《ほにゅうこうきていもく》サイ科《か》

全長《ぜんちょう》：4.5 m / **推定体重**《すいていたいじゅう》：不明《ふめい》 / **生息域**《せいそくいき》：ヨーロッパ、アジア / **絶滅**《ぜつめつ》：約《やく》2万《まん》9000年前《ねんまえ》

長《なが》さ2mにもなる巨大《きょだい》なツノをもつ大型《おおがた》サイのなかま！

MEN

ツノは化石《かせき》として
残《のこ》ってはいない…
サイのツノはシカなどの
「ツノ」とは材質《ざいしつ》が違《ちが》うためだ

体長《たいちょう》は4.5m
肩《かた》の高《たか》さは2mに達《たっ》した！

へ〜
しか

これほど
巨大《きょだい》なツノを
もっていたことが
どうしてわかっている
のだろう？

それはエラスモテリウムの
頭蓋骨《とうがいこつ》には、巨大《きょだい》なツノが
あったと思《おも》わせる
コブのような痕《あと》があるからだ

約《やく》35万年前《まんねんまえ》に絶滅《ぜつめつ》したと考《かんが》えられていたが
シベリアでは2万《まん》9000年前《ねんまえ》の化石《かせき》が発見《はっけん》され、
その時代《じだい》まで生存《せいぞん》していた可能性《かのうせい》もあるらしい…

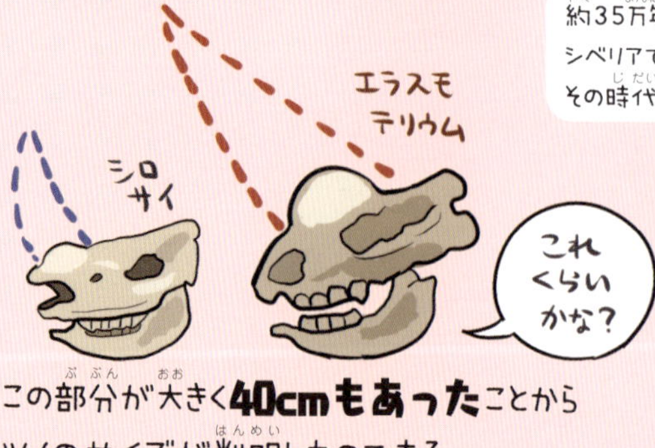
エラスモテリウム
シロサイ
これくらいかな？

この部分《ぶぶん》が大《おお》きく**40cmもあった**ことから
ツノのサイズが判明《はんめい》したのである
（現在《げんざい》のシロサイはその部分《ぶぶん》が25cm程度《ていど》で
その比率《ひりつ》から約《やく》2mだと推定《すいてい》された）

ユニコーン（一角獣《いっかくじゅう》）伝説《でんせつ》の
起源《きげん》ともいわれている
ミステリアスなサイなのだ

ウ〜ン
ゴツすぎません？
てか
オレがモデルじゃないの
イッカク

あしながオウルさん

オルニメガロニクス

<*Ornimegalonyx oteroi*>

分類《ぶんるい》：鳥綱《ちょうこう》フクロウ目《もく》フクロウ科《か》

全長《ぜんちょう》：1ｍ / **推定体重《すいていたいじゅう》**：不明《ふめい》 / **生息域《せいそくいき》**：北《きた》アメリカ（キューバ） / **絶滅《ぜつめつ》**：約《やく》4400年前《ねんまえ》（生息《せいそく》は更新世《こうしんせい》〜）

orny_chan
いいね！248件《けん》
owlmen いろっぽい！

カリブ海《かい》のキューバ島《とう》に生息《せいそく》していた大《おお》きなフクロウ

長《なが》いあしが最大《さいだい》の特徴《とくちょう》

背丈《せたけ》は1mほどにもなる

頭蓋骨《とうがいこつ》の幅《はば》は現生種《げんせいしゅ》で最大《さいだい》のフクロウ、ワシミミズクの**2倍《ばい》**

ドーン
こわいね

空《そら》は飛《と》べなかったと思《おも》われるが長《なが》いあしで**地上《ちじょう》を走《はし》る！**

ウワーッ
ドドドド
ふしぎなあしのオウル

洞窟《どうくつ》などから断片的《だんぺんてき》な骨《ほね》が見《み》つかる

地上性《ちじょうせい》ナマケモノの子《こ》どもなどを獲物《えもの》にしていたと考《かんが》えられる

ヒトの出現《しゅつげん》によって、獲物《えもの》としていた地上性《ちじょうせい》ナマケモノが絶滅《ぜつめつ》したことで、オルニメガロニクスも一緒《いっしょ》に滅《ほろ》んでしまったのかもしれない…

マッドハンター

現生種《げんせいしゅ》で似《に》たなかまはアナホリフクロウ

ん？

南北《なんぼく》アメリカの砂漠《さばく》や草原《そうげん》にすみフクロウのなかまでは珍《めずら》しい昼行性《ちゅうこうせい》

謎《なぞ》だらけの牙《きば》

デイノテリウム

〈*Deinotherium giganteum*〉

分類《ぶんるい》：哺《ほ》乳綱《にゅうこう》長《ちょう》鼻《び》目《もく》デイノテリウム科《か》

全長《ぜんちょう》：5.5～7m / **推定体重《すいていたいじゅう》**：10 t / **生息域《せいそくいき》**：ヨーロッパ、アジア、アフリカ / **絶滅《ぜつめつ》**：約《やく》100万年前《まんねんまえ》

中新世前期《ちゅうしんせいぜんき》に
ヨーロッパとアフリカに出現《しゅつげん》し
しばらく後《あと》にアジアに到達《とうたつ》

ぞうじゃないの

ゾウの祖先《そせん》から枝分《えだわ》かれして
ほかのゾウのなかまとは
違《ちが》う進化《しんか》を遂《と》げた

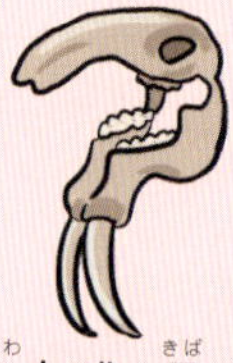

肩《かた》までの
高《たか》さ4m

上《うわ》あごに牙《きば》はない

下方《かほう》に向《む》かって
反《そ》っている
極《きわ》めて特殊《とくしゅ》な
下《した》あごの牙《きば》

この特殊《とくしゅ》な牙《きば》がどのように
用《もち》いられたのかには諸説《しょせつ》ある

ほり
ほり

地中《ちちゅう》から植物《しょくぶつ》の根《ね》を掘《ほ》り起《お》こす

べり
べり

樹木《じゅもく》の
皮《かわ》を剥《は》がす

ガン
ガン

岩塩《がんえん》を
掘《ほ》って食《た》べる

夜《よる》に水中《すいちゅう》で眠《ねむ》るとき
岸辺《きしべ》に体《からだ》をつなぎとめる

すや
すや

そんなこと
ある…？

※あくまで仮説

謎《なぞ》だらけの牙《きば》をもつ巨獣《きょじゅう》デイノテリウム…今後《こんご》の研究《けんきゅう》の進展《しんてん》が楽《たの》しみだ

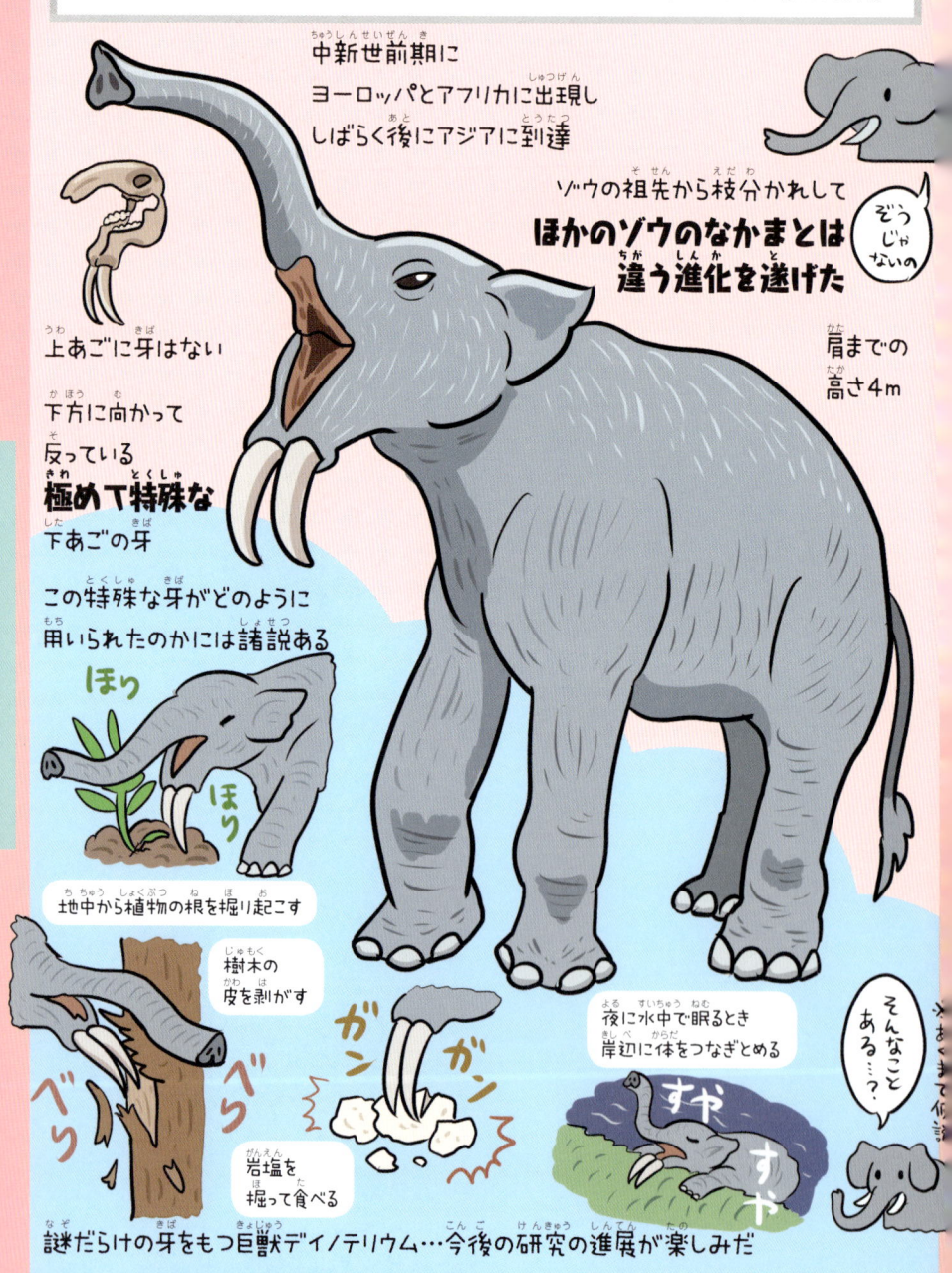

ウルトラウォンバット

ディプロトドン

〈*Diprotodon*〉

分類《ぶんるい》：哺乳綱双前歯目《ほにゅうこうそうぜんしもく》ディプロトドン科《か》

全長《ぜんちょう》：3～3.5 m / **推定体重《すいていたいじゅう》**：2～2.5 t / **生息域《せいそくいき》**：オーストラリア全域《ぜんいき》 / **絶滅《ぜつめつ》**：4万《まん》7000年前《ねんまえ》

オーストラリアの鮮新世《せんしんせい》～更新世《こうしんせい》に生《い》きていたバッファロー並《な》みに巨大《きょだい》な有袋類《ゆうたいるい》！

ドドドドドド
いくぜ
オウッ
ん？

体長《たいちょう》3m 肩高《けんこう》1.5m
にもなる巨体《きょたい》をもつ

体重《たいじゅう》は約《やく》2tで
シロサイに匹敵《ひってき》

現代《げんだい》でいう
ウォンバットに近《ちか》いなかま

ボリ
ボリ
なんじゃい

平《ひら》たく伸《の》びた切歯《せっし》

頭蓋骨約《とうがいこつやく》70cm

大人《おとな》1人《ひとり》が入《はい》るほど大《おお》きな袋《ふくろ》を体《からだ》の後《うし》ろにもっていた

あったかーい
でろ

グワーッ
ガルルル

6万年《まんねん》ほど前《まえ》から移住《いじゅう》してきたヒトと
ヒトが連《つ》れてきたイヌ科《か》のディンゴによって
たちまち駆逐《くちく》されてしまったと考《かんが》えられる…

最強《さいきょう》のアルマジロ

ドエディクルス

<*Doedicurus clavicaudatus*>

分類《ぶんるい》：哺乳綱被甲目《ほにゅうこうひこうもく》グリプトドン科《か》

全長《ぜんちょう》：最大《さいだい》４ｍ / **推定体重《すいていたいじゅう》**：1.5 ｔ / **生息域《せいそくいき》**：南北《なんぼく》アメリカ / **絶滅《ぜつめつ》**：約《やく》１万年前《まんねんまえ》

生物史上最《せいぶつしじょうもっと》も強固《きょうこ》な装甲《そうこう》を発達《はったつ》させたといっても過言《かごん》ではない哺乳類《ほにゅうるい》！

ドエディクルスという名前《なまえ》は

「すりこぎのような尻尾《しっぽ》」という意味《いみ》

すべすべ

全長《ぜんちょう》は

4mにもなる

ドエディクル
すりこぎ
使《つか》いづらくね
ごり
ごり

敵《てき》に襲《おそ》われると

四肢《しし》を縮《ちぢ》めて

甲羅《こうら》の下《した》に隠《かく》れた

1mにもなる

尻尾全体《しっぽぜんたい》が

棍棒《こんぼう》のように

なっている

歯《は》は永久《えいきゅう》に

伸《の》び続《つづ》けた

らしい

先端《せんたん》にはトゲ

前《まえ》あしに比《くら》べて後《うし》ろあしが異様《いよう》に頑丈《がんじょう》なので

二足歩行《にそくほこう》していたのでは？と考《かんが》える研究者《けんきゅうしゃ》もいる

ドオオン

現在《げんざい》のアルマジロも

ときどき二本《にほん》あしで

立《た》ち上《あ》がる

甲羅《こうら》が道具《どうぐ》や武具《ぶぐ》として

重宝《ちょうほう》されたこともあり人類《じんるい》に

狩《か》られやすく絶滅《ぜつめつ》してしまった…

まけねええ
そういうのいいから
すまんね

鋼《はがね》の体《からだ》のカンガルー

プロコプトドン

<Procoptodon>

分類《ぶんるい》：哺乳綱双前歯目《ほにゅうこうそうぜんしもく》カンガルー科《か》

全長《ぜんちょう》：3 m / 推定体重《すいていたいじゅう》：200kg / 生息域《せいそくいき》：オーストラリア / 絶滅《ぜつめつ》：4万《まん》7000年前《ねんまえ》

カンガルーの中《なか》では
最大《さいだい》の種類《しゅるい》

現生《げんせい》のカンガルーに比《くら》べてもはるかに
筋肉質《きんにくしつ》で体《からだ》ががっしりしている

デデン
デン
デデン
ウワーッ
ピョーン
ズウン

別名《べつめい》：
ジャイアント・
ショートフェイスド・
カンガルー

とても短《みじか》い顔《かお》に
前向《まえむ》きの目《め》！
ヒトの顔《かお》に似《に》ている

デデン
デデン

体重《たいじゅう》は約《やく》200kgと
カンガルーの倍以上《ばいいじょう》は
あったと考《かんが》えられる

1本《ぽん》指《ゆび》のあし

プロコプトドンは塩分《えんぶん》の多《おお》い
植物《しょくぶつ》を好《この》んでいたのでたくさんの水《みず》を
飲《の》む必要《ひつよう》があったという…
人間《にんげん》のすみかに近《ちか》い水源《すいげん》に近《ちか》づいてくる
習性《しゅうせい》があり狩《か》るのは難《むずか》しくなかっただろう

ノド
からから
デデン
デデン
アイル ビー
バック
ごくごく

絶滅《ぜつめつ》の正確《せいかく》な原因《げんいん》は不明《ふめい》だが
4万《まん》7000年前《ねんまえ》に姿《すがた》を消《け》したようだ…

なにわにわにが!

マチカネワニ

<*Toyotamaphimeia machikanensis*>

分類《ぶんるい》：爬虫綱《はちゅうこう》ワニ目《もく》クロコダイル科《か》

全長《ぜんちょう》：6.9 ～ 7.7 m ／ **推定体重《すいていたいじゅう》**：1.3 t ／ **生息域《せいそくいき》**：日本《にほん》／ **絶滅《ぜつめつ》**：45 万年前《まんねんまえ》

学名《がくめい》はトヨタマフィメイア・マチカネンシス
『古事記《こじき》』に登場《とうじょう》する「豊玉姫《とよたまひめ》」と
発見地《はっけんち》である大阪《おおさか》の「待兼山《まちかねやま》」に由来《ゆらい》する

トヨタマヒメ
（ワニの化身《けしん》として
知《し》られる）
ぱく
ぱく
またせたな
ほにゅうるい
ども

なんと**大阪大学《おおさかだいがく》の構内《こうない》**から
化石《かせき》が発掘《はっくつ》！

45万年前《まんねんまえ》の地層《ちそう》から発見《はっけん》

ウェーイ
大学《だいがく》デビュー

中国《ちゅうごく》に生息《せいそく》していたマチカネワニが
「龍《りゅう》」のモデルとなった
という説《せつ》も…？

へ〜
龍《りゅう》

おまっと
はん
まちかねたわ
ほんまに

体長《たいちょう》は約《やく》7.7m

現生種《げんせいしゅ》のワニの中《なか》で
「超大型種《ちょうおおがたしゅ》」とされる
イリエワニを上回《うわまわ》る！

ある化石《かせき》の
下《した》あごには
3分《ぶん》の1を失《うしな》うほどの
大《おお》ケガの痕《あと》があったが
生《い》き延《の》びることができたようだ
おそるべき生命力《せいめいりょく》である

やっとれんわ

だが全長《ぜんちょう》7.7mの巨体《きょたい》に
これほどの傷《きず》を負《お》わせることができた
相手《あいて》とは何者《なにもの》だったのか…？

龍《りゅう》
かもよ
ウワーッ

謎《なぞ》は残《のこ》るが傷跡《きずあと》の歯型《はがた》から同《おな》じワニ類《るい》である可能性《かのうせい》が最有力《さいゆうりょく》のようだ…

どしどしカメよ

メイオラニア

<*Meiolania oweni*(*Ninjemys oweni*)>

分類《ぶんるい》：爬虫綱《はちゅうこう》カメ目《もく》メイオラニア科《か》

全長《ぜんちょう》：2～3.8ｍ / **推定体重**《すいていたいじゅう》：不明《ふめい》 / **生息域**《せいそくいき》：オーストラリア、ニューギニア / **絶滅**《ぜつめつ》：3万年前《まんねんまえ》

全長《ぜんちょう》2～3.8mにもなる最大級《さいだいきゅう》のカメ！

30万《まん》～3万年前《まんねんまえ》まで東《ひがし》オーストラリアや
ニューカレドニアに生息《せいそく》していた

頭蓋骨《とうがいこつ》は大《おお》きく
幅《はば》は57cmにもなる

ツノが甲羅《こうら》に引《ひ》っかかって
頭《あたま》を引《ひ》っ込《こ》められなかったという…

カメだー
いじめねば
タスケテー!!
みさかいなしかよ
カメなら…
ウラシマ

いつ絶滅《ぜつめつ》したかはよくわかって
いないが、ヒトがやってきた
地域《ちいき》から姿《すがた》を消《け》して
いったと思《おも》われる

尾《お》は棍棒状《こんぼうじょう》に
なっていた

ツノのある大《おお》きな頭蓋骨《とうがいこつ》の破片《はへん》は発見当時《はっけんとうじ》
オオトカゲ(メガラニア)の頭《あたま》だと考《かんが》えられていた…
だがその後《ご》メイオラニアのものだと明《あき》らかになった

どうみてもちがうだろがっ
まあまあ
だれが小《ちい》さいだ
コラッ

メガラニア
「大《おお》きな放浪者《ほうろうしゃ》」

メイオラニア
「小《ちい》さな放浪者《ほうろうしゃ》」

新《あら》たな学名《がくめい》は
「ニンイェミス・オーウェニ」！
忍者《にんじゃ》タートル
という意味《いみ》らしい…

NINJA
実際《じっさい》ウマイ

爬《は》虫類《ちゅうるい》の王《おう》

メガラニア（ワラヌス・プリスカ）

<*Varanus prisca*>

分類《ぶんるい》：爬虫綱有隣目《はちゅうこうゆうりんもく》オオトカゲ科《か》

全長《ぜんちょう》：５～７ｍ／**推定体重《すいていたいじゅう》**：７ｍの場合《ばあい》１ｔ／**生息域《せいそくいき》**：オーストラリア／**絶滅《ぜつめつ》**：約《やく》４万年前《まんねんまえ》

約《やく》4万年前《まんねんまえ》のオーストラリアに生息《せいそく》していた史上最大《しじょうさいだい》のトカゲ！

最大《さいだい》サイズは7mともいわれる！
（その場合《ばあい》、体重《たいじゅう》は1tと推定《すいてい》）

名前《なまえ》の意味《いみ》は
「**大《おお》きな放浪者《ほうろうしゃ》**」

通《とお》りま～す
えっ
コモドオオトカゲに近《ちか》いなかま
アニキ～
口《くち》には
カーブした
鋭《するど》い歯《は》
が並《なら》ぶ
大《おお》きな爪《つめ》

大型《おおがた》の草食獣《そうしょくじゅう》や
大《おお》きな鳥《とり》を
食《た》べていた
と思《おも》われる

コモドオオトカゲが
自分《じぶん》の倍《ばい》のサイズのスイギュウを
倒《たお》せることを考《かんが》えると
より巨大《きょだい》なメガラニアは
もっと大《おお》きな獲物《えもの》を狩《か》っていた
としてもおかしくない

ウワーッ
ガブゥ

ディプロトドンなどの
大型《おおがた》の草食獣《そうしょくじゅう》を倒《たお》す
ことができたかも…？
グワーッ
さすがっス
アニキ

化石《かせき》が少《すく》ないため謎《なぞ》は多《おお》いが**ロマン溢《あふ》れる巨大爬虫類《きょだいはちゅうるい》**なのだ…！

PART 3

新生代《しんせいだい》第四紀《だいよんき》②

完新世《かんしんせい》

約《やく》1万年前《まんねんまえ》～現代《げんだい》まで

～新生代《しんせいだい》第四紀《だいよんき》完新世《かんしんせい》はこんな時代《じだい》～

期間《きかん》	約《やく》1万年前《まんねんまえ》～現代《げんだい》
気候《きこう》	氷期《ひょうき》が終《お》わり、温暖化《おんだんか》と湿潤化《しつじゅんか》が進《すす》んで、現代《げんだい》の気候《きこう》になった。
主《おも》な動物《どうぶつ》	・気候《きこう》の変化《へんか》に伴《ともな》い森林《しんりん》が増加《ぞうか》し、草原《そうげん》が減少《げんしょう》したため、大型哺《おおがたほ》乳類《にゅうるい》は絶滅《ぜつめつ》した。 ・現生《げんせい》の人類《じんるい》(ホモ・サピエンス)が狩猟生活《しゅりょうせいかつ》から農耕《のうこう》・牧畜生活《ぼくちくせいかつ》に変化《へんか》した。
主《おも》な植物《しょくぶつ》	・森林《しんりん》が増加《ぞうか》し、草原《そうげん》が減少《げんしょう》した。

ぜつめつニュース

絶滅《ぜつめつ》したはずの幻《まぼろし》の魚《さかな》

クニマスという魚《さかな》を知《し》っているでしょうか。魚《さかな》が好《す》きな人《ひと》であれば、ご存知《ぞんじ》の方《かた》もいるかもしれませんね。

クニマスはもともと、秋田県《あきたけん》の田沢湖《たざわこ》にのみ生息《せいそく》していた固有種《こゆうしゅ》でした。しかし、1940年《ねん》、クニマスは絶滅《ぜつめつ》したと考《かんが》えられていました。田沢湖《たざわこ》で発電《はつでん》を行《おこな》うために、近《ちか》くにある玉川《たまがわ》という川《かわ》から強《つよ》い酸性《さんせい》の水《みず》を導入《どうにゅう》したためです。

しかし2010年《ねん》、山梨県《やまなしけん》の西湖《さいこ》でクニマスが再発見《さいはっけん》されたのです。このニュースはテレビや新聞《しんぶん》などでも大《おお》きく取《と》り上《あ》げられ、クニマスは一躍有名《いちやくゆうめい》になりました。

絶滅《ぜつめつ》したと考《かんが》えられていた生物《せいぶつ》が再発見《さいはっけん》されたのは、日本国内《にほんこくない》ではクニマスが初《はじ》めてのことです。この発見《はっけん》により、よく知《し》られていなかったクニマスの生《せい》活《かつ》を調《しら》べることができるようになりました。これは、国内《こくない》の魚類研究者《ぎょるいけんきゅうしゃ》に大《おお》きなインパクトを与《あた》えたことでしょう。

今後《こんご》、研究《けんきゅう》が進《すす》んでクニマスが増《ふ》えれば、食用《しょくよう》として食卓《しょくたく》にのぼることもあるかもしれません。これからの研究《けんきゅう》の進展《しんてん》が待《ま》ち遠《どお》しいですね。

お口《くち》の中《なか》は保育園《ほいくえん》

イブクロコモリガエル 〈*Rheobatrachus silus*〉

口《くち》の中《なか》で子《こ》どもを育《そだ》てる不思議《ふしぎ》なカエル

オーストラリアのクイーンズランド州《しゅう》にある渓流《けいりゅう》の一部《いちぶ》で暮《く》らしていた

カモノハシガエルとも呼《よ》ばれる

げこげこ
かえれ哺乳類《ほにゅうるい》
…ん？
とり？

夜《よる》になると陸《りく》の獲物《えもの》を捕食《ほしょく》していた

1973年《ねん》に発見《はっけん》

雄《おす》の体長《たいちょう》は3.3〜4.1cm

雌《めす》の体長《たいちょう》は4.5〜5.4cm

その名《な》の通《とお》り

とてもユニークな
子育《こそだ》てをする

ことで知《し》られる！

まず雌《めす》が受精卵《じゅせいらん》を飲《の》み込《こ》む

ごくん
ウワーーッ
ちがうっての

すると胃酸《いさん》の生成《せいせい》が止《と》まり

胃《い》の中《なか》が**即席《そくせき》の**
子宮《しきゅう》になる

おケロリよー
ってか
ねんねんケロリよ

おたまじゃくしは
母親《ははおや》の胃《い》の中《なか》で
胃《い》の消化液《しょうかえき》の分泌《ぶんぴ》を
抑《おさ》える物質《ぶっしつ》を出《だ》し
自分《じぶん》の体《からだ》が消化《しょうか》されない
ようにする

は〜
つかれた
ぺえっ
わーい

数週間後《すうしゅうかんご》
孵化《ふか》・変態《へんたい》した
子《こ》ガエルを**吐《は》き出《だ》す**！

ケロケロハザード

イブクロコモリガエルの絶滅《ぜつめつ》の原因《げんいん》は「カエルツボカビ症《しょう》」だといわれる。

両生類《りょうせいるい》の皮膚呼吸《ひふこきゅう》を困難《こんなん》にする病気《びょうき》で、1970年代以降《ねんだいいこう》、数百種《すうひゃくしゅ》の両生類《りょうせいるい》を大量死《たいりょうし》に追《お》い込《こ》んでいる…！

くるしい…
感染個体

全滅《ぜんめつ》…
しずけさや…
詠《よ》んどるバアイか

生物多様性《せいぶつたようせい》への打撃《だげき》という点《てん》で史上最悪《しじょうさいあく》レベルの病原菌《びょうげんきん》・カエルツボカビは1950年代《ねんだい》に朝鮮半島《ちょうせんはんとう》から広《ひろ》がり始《はじ》めたとされる。

かつてこの真菌《しんきん》は土地《とち》の動物《どうぶつ》と平和《へいわ》に共存《きょうぞん》していた…。
だが朝鮮戦争《ちょうせんせんそう》の際《さい》に多《おお》くの兵士《へいし》や物資《ぶっし》がこの地域《ちいき》を出入《でい》りしたこともあり、そこに両生類《りょうせいるい》が混《ま》ざることで、世界中《せかいじゅう》に拡散《かくさん》してしまったのかもしれない。

どこ いくの

シドニー
どっからきたの
わかんない…

世界規模《せかいきぼ》のペット取引《とりひき》もカエルツボカビを拡大《かくだい》させ続《つづ》けている…。
「珍《めずら》しい両生類《りょうせいるい》を飼育《しいく》したい」という人間《にんげん》の欲望《よくぼう》が、知《し》らないうちに生態系《せいたいけい》の破壊《はかい》を加速《かそく》してしまうのである。

イブクロコモリガエルのようなユニークで魅力的《みりょくてき》な両生類《りょうせいるい》をこれ以上絶滅《いじょうぜつめつ》させないために、さらなる調査《ちょうさ》と対策《たいさく》が必要《ひつよう》だ。

おねがいね…

分《ぶん》　類《るい》：両生綱無尾目《りょうせいこうむびもく》（カエル目《もく》）カメガエル科《か》
全《ぜん》　長《ちょう》：3～5cm　推定体重《すいていたいじゅう》：不明《ふめい》
生息域《せいそくいき》：オーストラリア　絶《ぜつ》　滅《めつ》：1980年代半《ねんだいなか》ば
備《び》　考《こう》：1980年代半《ねんだいなか》ばから目撃《もくげき》されておらず、絶滅《ぜつめつ》した可能性《かのうせい》が高《たか》いが、「再発見《さいはっけん》が最《もっと》も期待《きたい》されている10種《しゅ》」の一《ひと》つでもある。

ロックな巨鳥《きょちょう》

エピオルニス 〈*Aepyornis*〉

伝説的《でんせつてき》にヘビーな巨鳥《きょちょう》は大地《だいち》を去《さ》って…

マダガスカルに生息《せいそく》していた史上最重量級《しじょうさいじゅうりょうきゅう》の鳥《とり》！

体重《たいじゅう》は450～500kgにもなった

鳥《とり》にもかかわらず

ウマ1頭分《とうぶん》の重《おも》さだ

エレファント・バード

（象鳥《ぞうちょう》）とも呼《よ》ばれ

頭《あたま》までの高《たか》さは3m以上《いじょう》

どーも
どーも
はな
だよ

イチゴ類《るい》や草《くさ》の根《ね》などを

食《た》べる植物食性《しょくぶつしょくせい》

ダチョウやヒクイドリなどの

飛《と》べない鳥《とり》は「走鳥類《そうちょうるい》」と呼《よ》ばれ

南半球《みなみはんきゅう》にのみ生息《せいそく》

エピオルニスもそのなかま

ダチョウ
ニワトリ

森林《しんりん》の中《なか》で

群《む》れをつくって生活《せいかつ》

柱《はしら》のように

太《ふと》いあしで

大地《だいち》を駆《か》け抜《ぬ》けた

エピオルニスは

卵《たまご》のサイズも圧倒的《あっとうてき》！

（ダチョウの卵《たまご》の2倍《ばい》）

容積《ようせき》はニワトリの卵《たまご》200個分《こぶん》

エピオルニス
33cm
ダチョウ
ニワトリ
ひよこ
たまごかけごはん

イギリスの競売会社《きょうばいがいしゃ》

クリスティーズが

エピオルニスの卵《たまご》の

化石《かせき》を競売《きょうばい》にかけ

約《やく》**1千万円《せんまんえん》**で

落札《らくさつ》された！

おとすなよ
絶対《ぜったい》おとすなよ
ダチョウ

レジェンド・オブ・ロック

ベネチアの旅商人《たびしょうにん》マルコ・ポーロはアジアを旅《たび》していた。
その帰《かえ》りに「マガスタル島《とう》」なる島《しま》に立《た》ち寄《よ》り
住民《じゅうみん》から巨大《きょだい》な鳥《とり》の噂《うわさ》を聞《き》いたという。

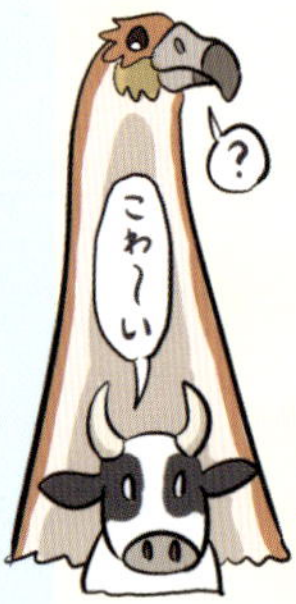

「とてつもなく大《おお》きくてパワフル！
ゾウを掴《つか》んで軽々《かるがる》と空《そら》を飛《と》んだ」

「この鳥《とり》が翼《つばさ》を広《ひろ》げると昼《ひる》でも暗《くら》くなる」

「怒《おこ》るとひと蹴《け》りでウシをも殺《ころ》す」…

数々《かずかず》の武勇伝《ぶゆうでん》をもつ伝説《でんせつ》の巨鳥《きょちょう》は
千夜一夜物語《せんやいちやものがたり》（アラビアンナイト）にも
登場《とうじょう》する…その名《な》も「ロック鳥《ちょう》」！

「マガスタル島《とう》」があのマダガスカル島《とう》のことだとすれば、ロック鳥《ちょう》のモデルはエピオルニスだろう。
実際《じっさい》13世紀《せいき》にはまだ確実《かくじつ》に生《い》きていたと思《おも》われる。

現実《げんじつ》にはエピオルニスはロック鳥《ちょう》のように空《そら》を飛《と》ぶことはできないが、
マダガスカル島《とう》には大型《おおがた》の肉食獣《にくしょくじゅう》がいなかったので、
安全《あんぜん》に暮《く》らすことができた…。

水辺《みずべ》の砂地《すなち》から
巨大《きょだい》な卵《たまご》がたくさん
発見《はっけん》されたが
孵《かえ》った形跡《けいせき》がない

だが森《もり》の開発《かいはつ》が進《すす》んで生息地《せいそくち》が減少《げんしょう》し、
卵《たまご》も人類《じんるい》に取《と》られるなどして、
ついには姿《すがた》を消《け》してしまう。

伝説的《でんせつてき》な巨体《きょたい》も頑丈《がんじょう》な卵《たまご》も、「人類《じんるい》」という困難《こんなん》には
打《う》ち勝《か》てなかったようだ…。

ただし近年《きんねん》までは生《い》きていたと考《かんが》える人《ひと》も…？
「伝説《でんせつ》の巨鳥《きょちょう》」は今《いま》でも人々《ひとびと》の心《こころ》を魅了《みりょう》し続《つづ》けている。

分《ぶん》　類《るい》：鳥綱《ちょうこう》エピオルニス目《もく》エピオルニス科《か》
全《ぜん》　長《ちょう》：3m　推定体重《すいていたいじゅう》：450～500kg
生息域《せいそくいき》：アフリカ（マダガスカル）
絶《ぜつ》　滅《めつ》：1840年頃《ねんごろ》
備《び》　考《こう》：学名《がくめい》は「背《せ》の高《たか》い鳥《とり》」という意味《いみ》。

滅《ほろ》びへの連鎖《れんさ》

オオウミガラス 〈*Pinguinus impennis*〉

大噴火《だいふんか》を乗《の》り越《こ》えたにもかかわらず…？

北大西洋《きたたいせいよう》の島《しま》で集団《しゅうだん》をつくって暮《く》らしていた海鳥《うみどり》！

海ガラス

主食《しゅしょく》は魚《さかな》やイカ

ウワーッ

飛《と》ぶことはできないが
20cmほどの短《みじか》い翼《つばさ》を使《つか》い
水中《すいちゅう》を**猛《もう》スピード**で泳《およ》いだ

繁殖期《はんしょくき》になると
島《しま》に上陸《じょうりく》して
集団《しゅうだん》で卵《たまご》を産《う》み
雛《ひな》を育《そだ》てた

グエッ

オオウミガラスは
ブリタニア人《じん》の漁師《りょうし》から
古代《こだい》ケルト語《ご》で「**白《しろ》い頭《あたま》**」
を意味《いみ》する**ペン・グィン**
と呼《よ》ばれていた

Pen
gwin
まるまる
Pen
guin

だが学者《がくしゃ》たちには「白《しろ》い頭《あたま》」より「**太《ふと》った体《からだ》**」の方《ほう》が印象的《いんしょうてき》だったらしく
「ペンギン」という言葉《ことば》に「太《ふと》った鳥《とり》」の意味《いみ》を当《あ》ててしまったようだ

学者《がくしゃ》たちは南極《なんきょく》で飛《と》べない「太《ふと》った鳥《とり》」を見《み》つけたので
その鳥《とり》たちも「ペンギン」と呼《よ》ぶようになった

ペンギン
太った鳥
なんか
ハラたつ

ただしペンギンとオオウミガラスは
全《まった》く関係《かんけい》ない別種《べっしゅ》だ…

もう
なんなのよ

ファイナル・デスティネーション

オオウミガラスは好奇心《こうきしん》が強《つよ》く人間《にんげん》を恐《おそ》れなかった…。
船《ふね》がやってくるとよちよち歩《ある》いて「来訪者《らいほうしゃ》」を見《み》にきたほどだ。

だがわざわざ近寄《ちかよ》ってくる飛《と》べない鳥《とり》は、
人間《にんげん》の方《ほう》からすれば絶好《ぜっこう》の獲物《えもの》でしかない。
羽毛《うもう》は防寒具《ぼうかんぐ》になるし、体《からだ》からはよい油《あぶら》が取《と》れる。
さらに卵《たまご》が美味《おい》しいことも狩《か》りに拍車《はくしゃ》をかけた。
1日《にち》でなんと1000羽以上《わいじょう》が殺《ころ》されたという。

19世紀《せいき》にはその姿《すがた》はアイスランド沖《おき》の小島《こじま》
「ウミガラス岩礁《がんしょう》」でしか見《み》られなくなった。

だが1830年《ねん》…なんと海底火山《かいていかざん》が噴火《ふんか》、地震《じしん》が発生《はっせい》！
島《しま》そのものが海中《かいちゅう》に沈《しず》み多《おお》くのウミガラスが死《し》んだ。

奇跡的《きせきてき》に生《い》き残《のこ》った
数十羽《すうじゅうわ》は、近《ちか》くの
岩場《いわば》に移動《いどう》。

オオウミガラスは希少《きしょう》な鳥《とり》として知《し》られていくが、
同時《どうじ》にその標本《ひょうほん》の価値《かち》はどんどん上《あ》がっていき、
金目当《かねめあ》てのハンターに狙《ねら》われるようになる。

そして運命《うんめい》の日《ひ》・1844年《ねん》6月《がつ》3日《にち》…
島《しま》にボートでやってきた3人《にん》の男《おとこ》に
1組《くみ》のオオウミガラスが殺《ころ》され、
それが生《い》きているオオウミガラスが確認《かくにん》された最後《さいご》の日《ひ》となった。

まるで連鎖《れんさ》のような悪運《あくうん》に襲《おそ》われ絶滅《ぜつめつ》したオオウミガラス…。
だがその中《なか》で最悪《さいあく》の厄災《やくさい》は間違《まちが》いなく「人類《じんるい》」である。

分《ぶん》　類《るい》：鳥綱《ちょうこう》チドリ目《もく》ウミスズメ科《か》
全《ぜん》　長《ちょう》：75～85cm　推定体重《すいていたいじゅう》：5kg
生息域《せいそくいき》：北大西洋《きたたいせいよう》
絶《ぜつ》　滅《めつ》：1844年《ねん》（1852年《ねん》に目撃例《もくげきれい》あり）
備《び》　考《こう》：オオウミガラスの卵《たまご》は先《さき》のとがった形《かたち》をしており、崖《がけ》から落《お》ちにくくなっていた。

俺《おれ》たちゃカリブ族《ぞく》

カリブモンクアザラシ 〈*Monachus tropicalis*〉

「開発《かいはつ》」という名《な》のパイレーツに脅《おびや》かされたカリビアン

ジャマイカ島《とう》などのカリブ海《かい》に広《ひろ》く分布《ぶんぷ》したアザラシ！

最《もっと》も古《ふる》い記述《きじゅつ》は1484年《ねん》
コロンブスによるもの

きゃわたん…と
だいじに
してよね

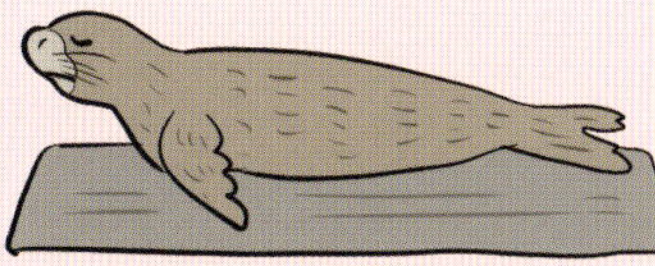

希少《きしょう》なカリブモンクアザラシの剥製《はくせい》
オランダのライデン博物館所蔵《はくぶつかんしょぞう》

雌《めす》は雄《おす》より
大型《おおがた》だった

小型《こがた》な雄同士《おすどうし》は戦《たたか》うことなく
一夫一妻《いっぷいっさい》の平和《へいわ》な生活《せいかつ》を
送《おく》っていたという…

魚《さかな》やイカやタコを
食《た》べていた

ヌオオオオ
ウワーッ
邪神《じゃしん》!?

カリブモンクアザラシは
1952年以降《ねんいこう》は一度《いちど》も見《み》つけられていない…

かつて33万《まん》8000頭《とう》も生息《せいそく》していたが
いつのまにか絶滅《ぜつめつ》してしまったのだ

絶滅《ぜつめつ》の原因《げんいん》は脂肪《しぼう》などを狙《ねら》った狩猟《しゅりょう》、漁師《りょうし》に
よる駆除《くじょ》のほか、人間《にんげん》が観光地《かんこうち》として**カリブ海《かい》
周辺《しゅうへん》を開発《かいはつ》**したからとされる
休息《きゅうそく》したり子育《こそだ》てをしたりする陸地《りくち》を奪《うば》われたことが、
アザラシにとって**決定的《けっていてき》な打撃《だげき》**になったのだろう

うえ〜ん
ウィーイ
チャラウェイ号
ドルルルルルル

ウェーイ
パリピ・オブ・カリビアン
どしがたい
カリブ
女向《もんく》
アザラシ

アザラシきバッドニュース？

アザラシといえば冷《つめ》たい海《うみ》で暮《く》らす生《い》き物《もの》というイメージだが、モンクアザラシ類《るい》だけは暖《あたた》かい熱帯《ねったい》の海《うみ》に生息《せいそく》する。

モンクアザラシには、絶滅《ぜつめつ》したカリブモンクアザラシの他《ほか》にチチュウカイモンクアザラシとハワイモンクアザラシがいる。

残《のこ》る２種《しゅ》は絶滅寸前《ぜつめつすんぜん》…。
チチュウカイモンクアザラシは残《のこ》り 350 ～ 400 頭《とう》、ハワイモンクアザラシは 1300 頭《とう》。
彼《かれ》らを絶滅《ぜつめつ》から救《すく》うために遺伝情報《いでんじょうほう》の研究《けんきゅう》が進《すす》んでいる。

スミソニアン研究所《けんきゅうじょ》のモンクアザラシの皮《かわ》は保存状態《ほぞんじょうたい》がよく、皮《かわ》から DNA を抽出《ちゅうしゅつ》し３種《しゅ》の頭蓋《とうがい》骨《こつ》も調査《ちょうさ》・比較《ひかく》した。

だがなんとその結果《けっか》…
カリブモンクアザラシとハワイモンクアザラシはチチュウカイモンクアザラシとは異《こと》なる属《ぞく》に属《ぞく》することが判明《はんめい》した！

これは生存《せいぞん》したモンクアザラシ２種《しゅ》にとってはよくない知《し》らせかもしれない…。
万一《まんいち》どちらかが絶滅《ぜつめつ》しても「バックアップ」が残《のこ》るはずが、それぞれが別《べつ》の系統《けいとう》の最後《さいご》の生《い》き残《のこ》りであり、ごく希少《きしょう》な種《しゅ》だと明《あき》らかになってしまったのだ…。

カリブモンクアザラシの絶滅《ぜつめつ》の悲劇《ひげき》を忘《わす》れることなく、生《い》き残《のこ》った２種《しゅ》を慎重《しんちょう》に見守《みまも》っていく必要《ひつよう》があるだろう。

チチュウカイモンクアザラシは現在《げんざい》ヨーロッパで最《もっと》も希少《きしょう》な哺乳類《ほにゅうるい》

分《ぶん》　類《るい》：哺乳綱食肉目《ほにゅうこうしょくにくもく》アザラシ科《か》
全《ぜん》　長《ちょう》：２～2.3ｍ　推定体重《すいていたいじゅう》：170 ～ 270kg
生息域《せいそくいき》：北《きた》アメリカ、バハマ諸島《しょとう》、アンティル諸島《しょとう》など
絶《ぜつ》　滅《めつ》：1952 年《ねん》（IUCN 発表《はっぴょう》）
備《び》　考《こう》：寿命《じゅみょう》はおよそ 20 年《ねん》。

グレートホーン

ギガンテウス・オオツノジカ

〈*Megaloceros giganteus*〉

巨大《きょだい》なツノを誇《ほこ》るシカ

マンモスとともに氷河期《ひょうがき》の「マンモス・ステップ」に生息《せいそく》していた大型《おおがた》シカ

入《はい》る?
けっこう

出会《であ》い系《けい》アプリ
Hornbook
フフフ…
でかいだろ?
みえねーよ
メス

史上最大級《しじょうさいだいきゅう》のツノ!

左右幅《さゆうはば》は最大約《さいだいやく》**3.5m**

ツノの重《おも》さは両方《りょうほう》で

45kgにもなる

別名《べつめい》アイリッシュ・エルク

(アイルランドのヘラジカ)など

だがヘラジカとは

異《こと》なるなかま

大《おお》きなツノは一見《いっけん》じゃまだが

雌《めす》を惹《ひ》きつける

効果《こうか》は大《おお》きかった

「こんなに大《おお》きなツノを

生《は》やせるほど元気《げんき》」

というアピールになるのだ

重《おも》いツノを

支《ささ》えるため

首《くび》の骨《ほね》と筋肉《きんにく》が

発達《はったつ》していた

4本《ほん》の力強《ちからづよ》く長《なが》いあしで広《ひろ》い草原《そうげん》を駆《か》け回《まわ》っていただろう

これは歴史《れきし》にのこるわ〜
なんちゃって
のこるよ
マジで

フランスの

ラスコー洞窟《どうくつ》の

壁画《へきが》にもその姿《すがた》が描《えが》かれている

ドラゴン？スネーク？オオツノジカ！

巨大《きょだい》なツノをもつオオツノジカは日本《にほん》にも生息《せいそく》していた…。
その名《な》も「ヤベオオツノジカ」！

ナウマンゾウのいる更新世後期《こうしんせいこうき》の日本最大《にほんさいだい》のシカ類《るい》で、根元《ねもと》で2方向《ほうこう》に分《わ》かれたツノの左右幅《さゆうはば》は1.5 mになる。

もみぢふみわけ
なくしかの—

ただしヤベオオツノジカは
ギガンテウス・オオツノジカとは違《ちが》う属《ぞく》だ。

PERFECT

特徴《とくちょう》の違《ちが》いは
角冠《かくかん》の形《かたち》に見《み》られる

ヤベオオツノジカのツノは
群馬《ぐんま》の上黒岩《かみくろいわ》で1797年《ねん》に発見《はっけん》された。
200年前《ねんまえ》にはまだ化石《かせき》の概念《がいねん》はなく、
「龍《りゅう》の骨《ほね》」だとか「土砂崩《どしゃくず》れを起《お》こす大蛇《だいじゃ》の骨《ほね》」
だと考《かんが》えられていた…。

化石《かせき》が発見《はっけん》された群馬県富岡市《ぐんまけんとみおかし》の
丘《おか》に建《た》てられた「龍骨碑《りゅうこつひ》」

シャーーーッ
その骨《ほね》に…

ドラーーーーッ
ふれるでなーい！
だれだよ
おまえら

だが1800年《ねん》
江戸幕府《えどばくふ》の医師《いし》が
その骨《ほね》を鑑定《かんてい》し
「大型《おおがた》のシカのツノ」
だと見抜《みぬ》いた。

かんていしょ
しかとみよ

ツノは「雨乞《あまご》い」の儀式《ぎしき》をするために上黒岩《かみくろいわ》の寺《てら》に納《おさ》められた…。第二次世界大戦《だいにじせかいたいせん》で東京《とうきょう》が大《だい》空襲《くうしゅう》に襲《おそ》われるほんの10年前《ねんまえ》のことである。

オオツノジカの骨《ほね》は奇跡的《きせきてき》に消失《しょうしつ》を免《まぬが》れた！

発掘記録《はっくつきろく》、化石《かせき》の鑑定書《かんていしょ》、実物標本《じつぶつひょうほん》など、いずれも「日本最古《にほんさいこ》」の称号《しょうごう》をもつヤベオオツノジカの化石《かせき》…。希少《きしょう》な遺産《いさん》として今後《こんご》も大切《たいせつ》にしていこう。

分《ぶん》　類《るい》：哺乳綱鯨偶蹄目《ほにゅうこうげいぐうていもく》シカ科《か》
全《ぜん》　長《ちょう》：3 m　　推定体重《すいていたいじゅう》：400kg
生息域《せいそくいき》：ヨーロッパ　　絶《ぜつ》　滅《めつ》：7700年前《ねんまえ》
備《び》　考《こう》：2004年《ねん》、放射性炭素年代測定《ほうしゃせいたんそねんだいそくてい》によって、絶滅《ぜつめつ》したのは従来《じゅうらい》の推定《すいてい》よりも3000年《ねん》ほど後《あと》だったことがわかった。

シマとウマの間《あいだ》には

クアッガ 〈*Equus quagga quagga*〉

二度《にど》とウマれないウマなのか……？

前半分《まえはんぶん》がシマウマ、後《うし》ろ半分《はんぶん》がウマという奇妙《きみょう》な見《み》た目《め》をした動物《どうぶつ》！

南《みなみ》アフリカにのみ分布《ぶんぷ》していた
シマウマの一種《いっしゅ》だ

頭《あたま》、首《くび》、上半身《じょうはんしん》だけにシマがあり残《のこ》りは茶色《ちゃいろ》

平原《へいげん》で40頭《とう》ほどの群《む》れを
つくって暮《く》らしていた

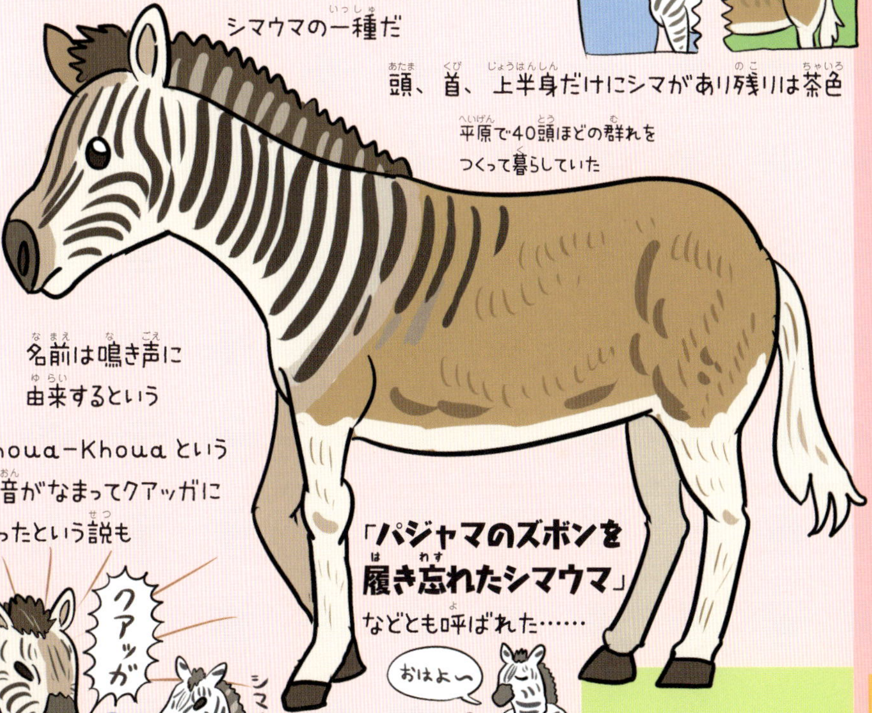

名前《なまえ》は鳴《な》き声《ごえ》に
由来《ゆらい》するという

Khoua-Khouaという
発音《はつおん》がなまってクアッガに
なったという説《せつ》も

**「パジャマのズボンを
履《は》き忘《わす》れたシマウマ」**
などとも呼《よ》ばれた……

ク…
ク…
クアッガ
シマウマ
おだいじに
くしゃみなの？

おはよ〜
キャッ

入植者《にゅうしょくしゃ》が持《も》ち込《こ》んだ
ヒツジとの競合《きょうごう》も
絶滅《ぜつめつ》の理由《りゆう》……？

メェーッ

クアッガはヨーロッパの人々《ひとびと》によって
絶滅《ぜつめつ》に追《お》い込《こ》まれたという……
肉《にく》は食料《しょくりょう》に、皮《かわ》は衣服《いふく》やバッグをつくるために使《つか》われた
同時《どうじ》にアフリカ人《じん》にも乱獲《らんかく》された結果《けっか》
わずか30年《ねん》の間《あいだ》にクアッガは姿《すがた》を消《け》してしまった……

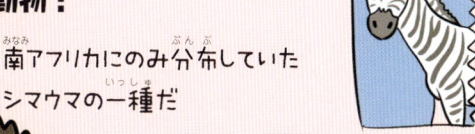

リメンバー・クアッガ

100年以上前《ねんいじょうまえ》に絶滅《ぜつめつ》したクアッガ……もう二度《にど》と会《あ》えないのだろうか？
実《じつ》はクアッガの復活《ふっかつ》を目指《めざ》す「クアッガ・プロジェクト」が1986年《ねん》からスタートしている。

シマウマ
クアッガ率《リツ》アップ！
シマッガ…
シアッガ？

ドーモ…

残《のこ》されたクアッガのDNAを調《しら》べると、クアッガはサバンナシマウマの亜種《あしゅ》だとわかった。
クアッガの特徴《とくちょう》を出現《しゅつげん》させようと、研究《けんきゅう》チームは交配《こうはい》を繰《く》り返《かえ》す……。
交配《こうはい》を重《かさ》ねるたびにクアッガの特徴《とくちょう》が強《つよ》く現《あらわ》れるようになり、4～5世代目《せだいめ》になると徐々《じょじょ》にシマが減《へ》って下半身《かはんしん》の茶色《ちゃいろ》が濃《こ》くなっていったという。

そしてなんと南《みなみ》アフリカの研究《けんきゅう》チームがクアッガにそっくりな個体《こたい》を誕生《たんじょう》させることに成功《せいこう》した！

バァーーン
クアッガ!!

交配《こうはい》で生《う》まれた馬《うま》は「ラウ・クアッガ」と命名《めいめい》！
ラウ・クアッガが50頭《とう》に達《たっ》したら群《む》れを一箇所《いっかしょ》に集《あつ》める予定《よてい》らしい。

この「ラウ・クアッガ」は絶滅《ぜつめつ》したクアッガと同《おな》じ動物《どうぶつ》ではなく、見《み》た目《め》がよく似《に》ただけの別《べつ》の動物《どうぶつ》だといえる。
だが、クアッガがどんな動物《どうぶつ》だったのかをイメージし、地球《ちきゅう》から失《うしな》われた生《い》き物《もの》に想《おも》いを馳《は》せられるなら、意義《いぎ》のある試《こころ》みだろう。

ほんものも わすれないでね…
シン クアッガ

分《ぶん》　類《るい》：哺乳綱奇蹄目《ほにゅうこうきていもく》ウマ科《か》
全《ぜん》　長《ちょう》：2.4ｍ　推定体重《すいていたいじゅう》：不明《ふめい》
生息域《せいそくいき》：南《みなみ》アフリカ
絶《ぜつ》　滅《めつ》：1883年《ねん》
備《び》　考《こう》：クアッガは、気難《きむずか》しく気《き》の荒《あら》いシマウマに比《くら》べておだやかな性格《せいかく》だったらしい。

あああ巨鳥《きょちょう》

ジャイアントモア 〈*Dinornis maximus*〉

孤島《ことう》を悠々《ゆうゆう》と歩《ある》いた地球《ちきゅう》で最《もっと》も背《せ》の高《たか》い鳥《とり》

ニュージーランドにすんでいた**地球《ちきゅう》で最大級《さいだいきゅう》の巨鳥《きょちょう》！**

1,2,3,モアーッ
ジャイアント MOA

体長《たいちょう》は約《やく》3～3.6m

にもなった！

地球《ちきゅう》で最《もっと》も背《せ》の高《たか》い鳥《とり》といわれる

カカポ
キウイ
でかい
(ニュージーランド 鳥《とり》なかま)

巨体《きょたい》なのは雌《めす》の方《ほう》！

雄《おす》は高《たか》さ1.5mほどで

雌《めす》の半分程度《はんぶんていど》

みんな ひくいだろ
きみより 背《せ》ひくいけど いい…？
♀
♂

体重《たいじゅう》も雄《おす》85kg

雌《めす》250kgと3倍《ばい》ほどの

開《ひら》きがある

和名《わめい》「オオゼキオオモア」に

ふさわしく**重量級《じゅうりょうきゅう》！**

NOKOTT

体重《たいじゅう》は250kgにもなる

（大関《おおぜき》より重《おも》い！）

おおきく なーれ
そのうちね…

骨《ほね》、肉《にく》、皮《かわ》ともに

綺麗《きれい》に保存《ほぞん》されているあし

2010年《ねん》、殻《から》の外《そと》に

雄《おす》の DNA がついている

卵《たまご》が発見《はっけん》された！

雄《おす》が卵《たまご》を温《あたた》めていた

痕跡《こんせき》だという…

巨鳥《きょちょう》の夢《ゆめ》よ、永遠《えいえん》に…？

ジャイアントモアはニュージーランドにマオリ族《ぞく》がやってきてから100年後《ねんご》にはほぼ消《き》え去《さ》り、ヨーロッパ人《じん》のやってきた16世紀頃《せいきごろ》には乱獲《らんかく》で滅《ほろ》んでしまった…というのが定説《ていせつ》である。

あっちいけ くだもの
とりです
ツン
ツン
キウイ

だが、なんと19世紀《せいき》にはまだ目撃情報《もくげきじょうほう》があったという……！

1860年《ねん》川辺《かわべ》に立《た》つ巨鳥《きょちょう》を目撃《もくげき》

ジャーン
ええーッ

同年《どうねん》、新《あたら》しい足跡《あしあと》が洞窟《どうくつ》の地域《ちいき》に続《つづ》いていた

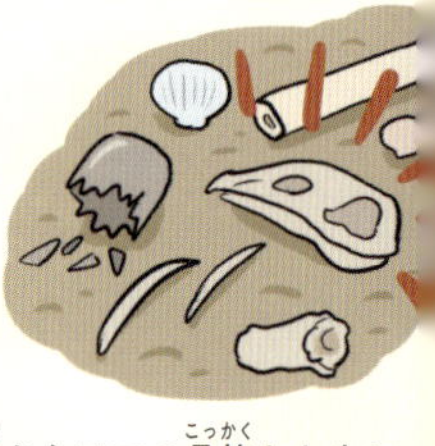

1892年《ねん》貝塚《かいづか》からモアの骨格《こっかく》とともに割《わ》れたビンやパイプが見《み》つかる。ごく最近《さいきん》までモアが食用《しょくよう》とされていた証拠《しょうこ》……？

こうした目撃情報《もくげきじょうほう》や生存説《せいぞんせつ》の信憑性《しんぴょうせい》はともかく、「史上最大《しじょうさいだい》の鳥《とり》」ジャイアントモアは人々《ひとびと》の心《こころ》を惹《ひ》きつけ続《つづ》けている。
「絶滅動物《ぜつめつどうぶつ》を復元《ふくげん》させる」という話題《わだい》では真《ま》っ先《さき》に候補《こうほ》に上《あ》がるほどだ。
骨《ほね》からDNAを取《と》り出《だ》してニワトリの胚《はい》に導入《どうにゅう》しモアの形態《けいたい》を再生《さいせい》させようという試《こころ》みもあるという。
まずは体色《たいしょく》を決定《けってい》するDNAを探《さが》し出《だ》し、モアの羽《はね》の色《いろ》を確《たし》かめることを目指《めざ》しているそうだ。
完全《かんぜん》な復元《ふくげん》は至難《しなん》の技《わざ》だろうが、**「史上最大《しじょうさいだい》の鳥《とり》」の姿《すがた》をより鮮明《せんめい》に蘇《よみがえ》らせたい……。**
そんなロマンあふれる人類《じんるい》の夢《ゆめ》が叶《かな》う日《ひ》が来《く》るかもしれない。

ジャイアントコッコ
失敗《しっぱい》か…
ウ〜ム
これはこれでスゴイだろ
メタリックブルーだったという説《せつ》も？

分類《ぶんるい》：鳥綱《ちょうこう》ダチョウ目《もく》モア科《か》
全長《ぜんちょう》：雌《めす》で3〜3.6m、雄《おす》で1.5m程度《ていど》
推定体重《すいていたいじゅう》：雌《めす》は250kg程度《ていど》、雄《おす》は85kg程度《ていど》
生息域《せいそくいき》：ニュージーランド　絶滅《ぜつめつ》：1770年頃《ねんごろ》
備考《びこう》：小石《こいし》を飲《の》む習性《しゅうせい》を利用《りよう》され、焼《や》け石《いし》を飲《の》まされて狩《か》られていたらしい。

おいでよ！ ぜつめつの島《しま》

スティーブンイワサザイ 〈*Xenicus lyalli*〉

かわいいアイツにすべてを滅《ほろ》ぼされた

かわいらしい小鳥《ことり》だが
とんでもなく悲劇的《ひげきてき》
な破滅《はめつ》を迎《むか》えてしまった

なんと空《そら》を飛《と》ぶことができない！

5000種類《しゅるい》を超《こ》えるスズメ目《もく》の中《なか》で
飛《と》べないのはスティーブンイワサザイの
なかまのみ……！

激《げき》レア
スキル
とべない
うらやま
しくない
スズメ

すずこれ！
（スズメ目《もく》
コレクション）
スティーブン
イワサザイ

この特徴《とくちょう》がのちの
悲劇《ひげき》を引《ひ》き起《お》こす
ことになる……

生息《せいそく》していたのは
ニュージーランドの
近《ちか》くにある美《うつく》しい島《しま》
「スティーブンズ島《とう》」……

ようこそ☆

スティーブンイワサザイは
この長《なが》さわずか1.6kmの
小島《こじま》で平和《へいわ》に暮《く》らしていた
と思《おも》われる

現在残《げんざいのこ》っている
標本《ひょうほん》はたった15体《たい》
スーパーレア

そう 「アイツ」が島《しま》にやってくるまでは……！

ことの発端《ほったん》はスティーブンズ島《とう》で
灯台《とうだい》が稼働《かどう》しはじめた1894年《ねん》……
3人《にん》の灯台守《とうだいもり》とその家族《かぞく》が島《しま》で暮《く》らすためにやってきたのだが……！？

STEPHENS☆
LIGHTHOUSE
ジャーン
われら
灯台守《とうだいもり》〜
この
灯台《とうだい》を
まもる〜
ちゅん
ちゅん☆
めでたし
めでたし
ぜったい
ちがう
本《ほん》が
本《ほん》だし…

新生代第四紀（完新世）

小鳥《ことり》の叫《さけ》びは聞《き》こえない

スティーブンイワサザイはきわめて珍《めずら》しい絶滅《ぜつめつ》の仕方《しかた》をしたとされる……。
なんと1匹《ぴき》のネコをきっかけに全滅《ぜんめつ》してしまったというのだ！

灯台守《とうだいもり》たちが島《しま》に上陸《じょうりく》したのと同《おな》じ時期《じき》、
1匹《ぴき》の妊娠《にんしん》したネコが
スティーブンズ島《とう》へ持《も》ち込《こ》まれた。
ネコは島《しま》に着《つ》くとすぐに子《こ》どもを生《う》んだ……。

と〜った
DEATH

4ヶ月後《かげつご》、灯台守《とうだいもり》の1人《ひとり》のもとへネコが
小《ちい》さな鳥《とり》をくわえて持《も》ってくる。鳥《とり》はすでに
死《し》んでいたが、全《まった》く見慣《みな》れない鳥《とり》だったのだ。
ネコは毎日《まいにち》のように海岸《かいがん》へ出《で》かけていき、全部《ぜんぶ》で11羽《わ》の鳥《とり》を捕獲《ほかく》した。

灯台守《とうだいもり》は、この鳥《とり》の標本《ひょうほん》をただちにイギリスの鳥類学者《ちょうるいがくしゃ》の元《もと》へ送《おく》った。
その結果《けっか》、イワサザイのなかまの新種《しんしゅ》の鳥《とり》と判明《はんめい》！
Xenicus lyalli と命名《めいめい》された！
その後《ご》もネコは4羽《わ》ほどスティーブンイワサザイを
捕《つか》まえてきたが、それが最後《さいご》に目撃《もくげき》された姿《すがた》だった……。

ウワーッ
グワーッ
ウワーッ

ネコが繁殖《はんしょく》して増《ふ》えたこともあり、
スティーブンイワサザイは
1895年《ねん》には狩《か》り尽《つ》くされて
絶滅《ぜつめつ》してしまったと考《かんが》えられる。

おっ
ムスメ
やっとるな

ウワーッ

島《しま》などの閉《と》ざされた世界《せかい》で
のんびり暮《く》らしていた固有《こゆう》の在来生物《ざいらいせいぶつ》が、
外来生物《がいらいせいぶつ》によって絶滅《ぜつめつ》に追《お》い込《こ》まれてしまう
ケースは多《おお》い……。
スティーブンイワサザイの悲劇《ひげき》は
その極端《きょくたん》な例《れい》として語《かた》り継《つ》がれなければ
ならないだろう…。

似《に》たような理由《りゆう》で
絶滅《ぜつめつ》しかけたカカポ
（フクロウオウム）
ひぃ〜
フシューへ
あすはわがみ
フシュ〜…

分《ぶん》　類《るい》：鳥綱《ちょうこう》スズメ目《もく》イワサザイ科《か》
全《ぜん》　長《ちょう》：10cm前後《ぜんご》　推定体重《すいていたいじゅう》：不明《ふめい》
生息域《せいそくいき》：ニュージーランドのスティーブンズ島《とう》　絶《ぜつ》　滅《めつ》：1895年《ねん》
備《び》　考《こう》：スティーブンイワサザイの悲劇《ひげき》を受《う》けて、1925年《ねん》にはスティーブンズ島《とう》からすべてのネコが駆除《くじょ》された。

悲劇《ひげき》の大海獣《だいかいじゅう》

ステラーダイカイギュウ 〈*Hydrodamalis gigas*〉

発見《はっけん》からたった27年《ねん》で絶滅《ぜつめつ》した哀《かな》しき海獣《かいじゅう》の正体《しょうたい》とは…？

冷《つめ》たい海《うみ》で暮《く》らす海牛《かいぎゅう》のなかま！
（海牛《かいぎゅう》＝ジュゴンやマナティなど）

DUGONG
MANATEE

海牛《ウミウシ》？
おまえじゃねえ
ザバーーン
おまえでもない

体長《たいちょう》は**7〜9m**もあったとされる
体《からだ》を大《おお》きくして脂肪《しぼう》を蓄《たくわ》え寒冷《かんれい》な
気候《きこう》に適応《てきおう》した

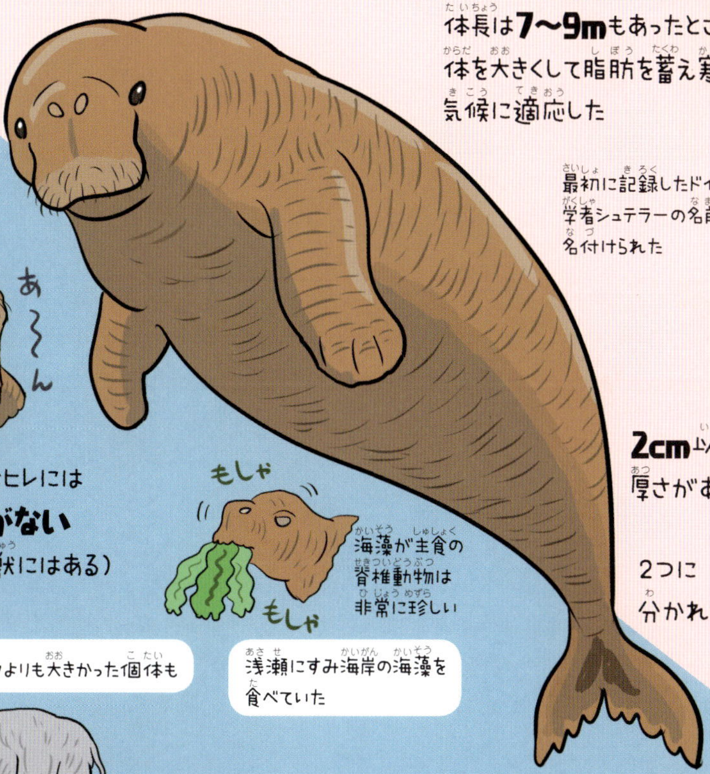
もしゃ
もしゃ

最初《さいしょ》に記録《きろく》したドイツの
学者《がくしゃ》シュテラーの名前《なまえ》をとって
名付《なづ》けられた

歯《は》は
退化《たいか》して
なくなって
いたという

あ〜ん

2cm以上《いじょう》の
厚《あつ》さがある皮《かわ》

手《て》のようなヒレには
指《ゆび》の骨《ほね》がない
（他《ほか》の海獣《かいじゅう》にはある）

海藻《かいそう》が主食《しゅしょく》の
脊椎動物《せきついどうぶつ》は
非常《ひじょう》に珍《めずら》しい

2つに
分《わ》かれた尾《お》

アフリカゾウよりも大《おお》きかった個体《こたい》も

浅瀬《あさせ》にすみ海岸《かいがん》の海藻《かいそう》を
食《た》べていた

昔《むかし》には、潜水《せんすい》は全《まった》く
せずに陸上《りくじょう》を歩《ある》いていた
という説《せつ》もあった

のし
のし

そしてダイカイギュウもいなくなった

1741年太平洋《ねんたいへいよう》……探検船《たんけんせん》セント・ピョートル号《ごう》はアラスカ探検《たんけん》の帰《かえ》り道《みち》、無人島《むじんとう》で座礁《ざしょう》し、飢《う》えと寒《さむ》さで船員《せんいん》の半数《はんすう》以上《いじょう》が死亡《しぼう》してしまった。

だがその島《しま》には数々《かずかず》の海獣《かいじゅう》……

そしてステラーダイカイギュウがいた！

その海獣《かいじゅう》は船員《せんいん》たちが生《い》き残《のこ》るカギとなった。厚《あつ》さ10cm もある脂肪《しぼう》の層《そう》はアーモンドオイルのような味《あじ》がして 33 人《にん》の食料《しょくりょう》1 ヶ月分《かげつぶん》にもなったという……。

だが、あっという間《ま》にこの島《しま》や動物《どうぶつ》の噂《うわさ》が広《ひろ》まりたくさんのハンターが海獣《かいじゅう》たちの肉《にく》や脂肪《しぼう》、毛皮《けがわ》を求《もと》めてやってきて大乱獲《だいらんかく》が始《はじ》まってしまった……！

巨大《きょだい》で天敵《てんてき》がいないステラーダイカイギュウは人間《にんげん》への警戒心《けいかいしん》がなかったこともありハンターにあっさり狩《か》られてしまう。

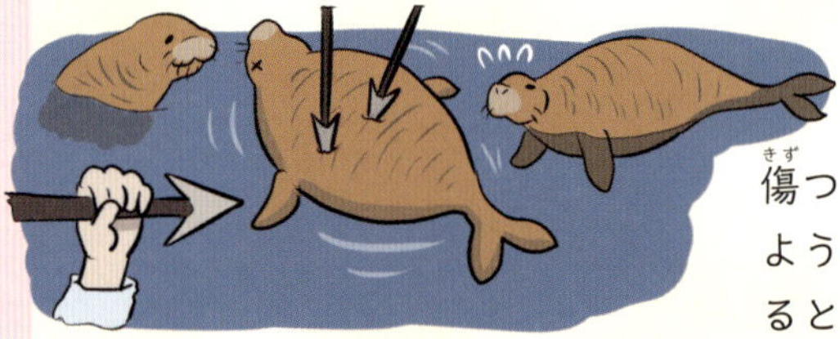

傷《きず》ついたステラーダイカイギュウを助《たす》けようとしてたくさんの仲間《なかま》が集《あつ》まってくるという習性《しゅうせい》も災《わざわ》いしたようだ。

2000 頭《とう》のステラーダイカイギュウが北極海《ほっきょくかい》にいたとされるが、その発見《はっけん》からわずか 27 年後《ねんご》の 1768 年《ねん》、「カイギュウが数頭残《すうとうのこ》っていたので殺《ころ》した」と報告《ほうこく》があり、それがステラーダイカイギュウの最後《さいご》の記録《きろく》となった。

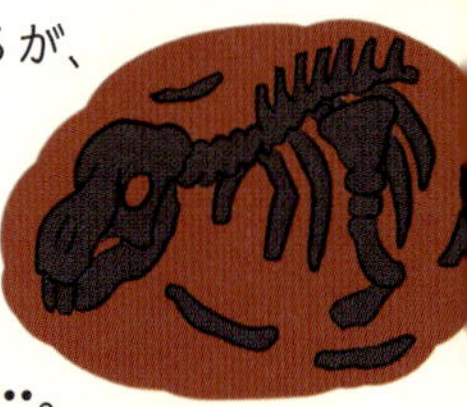

あまりにも急速《きゅうそく》に、絶滅《ぜつめつ》に追《お》い込《こ》まれた優《やさ》しき海《うみ》の巨獣《きょじゅう》……。
動物《どうぶつ》を根絶《ねだ》やしにする人類《じんるい》の力《ちから》がいかに恐《おそ》ろしいか、その究極《きゅうきょく》の例《れい》である。

分《ぶん》　類《るい》：哺乳綱海牛目《ほにゅうこうかいぎゅうもく》ジュゴン科《か》
全《ぜん》　長《ちょう》：7～9m　推定体重《すいていたいじゅう》：5～12 t
生息域《せいそくいき》：北太平洋《きたたいへいよう》のベーリング海《かい》
絶《ぜつ》　滅《めつ》：1768 年《ねん》かそれ以降《いこう》
備《び》　考《こう》：ステラーダイカイギュウの肉《にく》の味《あじ》と食感《しょっかん》は子牛《こうし》の肉《にく》に似《に》ていたといわれる。

森《もり》に棲《す》む神《かみ》

ニホンオオカミ 〈*Canis lupus hodophilax*〉

神《かみ》と崇《あが》められたオオカミはなぜ森《もり》から姿《すがた》を消《け》した?

かつて日本《にほん》の本州《ほんしゅう》、四国《しこく》、九州《きゅうしゅう》に広《ひろ》く生息《せいそく》していたオオカミ！

普通《ふつう》は2～3頭《とう》
多《おお》ければ10頭《とう》の群《む》れを
つくって暮《く》らしていた

大《おお》きさは1mほど
ハイイロオオカミより一回《ひとまわ》り小《ちい》さい

ウワーッ

オオカミの語源《ごげん》は「大神《おおかみ》」
であり**人知《じんち》を超《こ》えた神《かみ》**
のような存在《そんざい》として
敬意《けいい》を払《はら》われていた…

作物《さくもつ》を食《た》べてしまう
イノシシやシカを退治《たいじ》して
くれるオオカミは農耕民族《のうこうみんぞく》
にとっては守護神《しゅごしん》のような
動物《どうぶつ》だったのだろう

主《おも》な獲物《えもの》はシカ！
群《む》れで追《お》い詰《つ》めて
捕食《ほしょく》していたようだ

あがめよ

オオカミを祀《まつ》る
神社《じんじゃ》もある

北海道《ほっかいどう》にはエゾオオカミが
生息《せいそく》していた
ホロケウカムイ（狩《かり》をする神《かみ》）
と呼《よ》ばれており獲物《えもの》を狩《か》る勇姿《ゆうし》に
敬意《けいい》が払《はら》われていたという

AOOOOON

人《ひと》が縄張《なわば》りに侵入《しんにゅう》すると
縄張《なわば》りの外《そと》に出《で》るまで
あとをつけたそうだ…
これが「**送《おく》り狼《おおかみ》**」という
言葉《ことば》の由来《ゆらい》となった

ったく…
送《おく》ってやるよ…
キャッ 送《おく》り狼《おおかみ》
やかましい
ウィ～
狼男《おおかみおとこ》センパイ

さらば愛《いと》しの大神《おおかみ》

西洋《せいよう》では（童話《どうわ》などで）悪者《わるもの》にされがちなオオカミだが、
日本《にほん》では「大神《おおかみ》」「大口真神《おおくちまかみ》」などと崇拝《すうはい》され、
ニホンオオカミとヒトはうまく共存《きょうぞん》していた……。

それがなぜ日本《にほん》の森《もり》から姿《すがた》を消《け》してしまったのだろう？
そのきっかけは、1732年頃《ねんごろ》ヨーロッパからもたらされた狂犬病《きょうけんびょう》だったと考《かんが》えられている。**日本《にほん》でも多《おお》くのオオカミが感染《かんせん》してしまった……。**

ニホンオオカミに噛《か》まれた傷《きず》はイヌより深《ふか》く、ほぼ100％発病《はつびょう》したことから、
次第《しだい》に「噛《か》まれると死《し》ぬ動物《どうぶつ》」として
恐《おそ》れられるようになった……。

さらに開発《かいはつ》のため生息地《せいそくち》が減少《げんしょう》したことや、野生《やせい》のシカやウサギなどの獲物《えもの》が減少《げんしょう》したことにより、生《い》きるため家畜《かちく》を襲《おそ》うようになってしまう。

そのため、明治政府《めいじせいふ》や県《けん》がオオカミ退治《たいじ》に懸賞金《けんしょうきん》を出《だ》すようになり、それを目当《めあ》てに殺《ころ》されることも増《ふ》えた。

ついに1905年《ねん》（明治《めいじ》38年《ねん》）、奈良県《ならけん》で
仕留《しと》められた若《わか》い雄《おす》の個体《こたい》が
最後《さいご》のニホンオオカミになった。

その後《ご》も何度《なんど》か目撃情報《もくげきじょうほう》が出《で》ているが、生存《せいぞん》の証拠《しょうこ》は何《なに》もない……。
日本《にほん》のどこかに「大神《おおかみ》」がひっそり暮《く》らせる場所《ばしょ》が残《のこ》っているだろうか……？

分《ぶん》　類《るい》：哺乳綱食肉目《ほにゅうこうしょくにくもく》イヌ科《か》
全《ぜん》　長《ちょう》：1m程度《ていど》　　推定体重《すいていたいじゅう》：15kg程度《ていど》
生息域《せいそくいき》：日本《にほん》（本州《ほんしゅう》から四国《しこく》、九州《きゅうしゅう》）　　絶《ぜつ》　滅《めつ》：1905年《ねん》が最後《さいご》の記録《きろく》
備《び》　考《こう》：2014年《ねん》に、ニホンオオカミは現存《げんぞん》するハイイロオオカミの亜種《あしゅ》であり、日本《にほん》の固有種《こゆうしゅ》ではないことが判明《はんめい》した。

伝説誕生《でんせつたんじょう》

バーバリライオン 〈*Panthera leo leo*〉

古代《こだい》ローマの花形《はながた》にして「黒衣《こくい》」をまとう百獣《ひゃくじゅう》の王《おう》!

ライオンの亜種《あしゅ》の中《なか》では最大《さいだい》のなかま！　最大《さいだい》4m以上《いじょう》とも

別名《べつめい》アトラスライオン

バーバリ

百獣の王

モロッコ北部《ほくぶ》の
アトラス山脈《さんみゃく》に生息《せいそく》

背中《せなか》やお腹《なか》まで伸《の》びる
暗《くら》い色《いろ》のたてがみが特徴《とくちょう》

ヘッサァー!
おりて

胴《どう》が長《なが》く
四肢《しし》が
短《みじか》いのが
特徴《とくちょう》

紀元前《きげんぜん》6世紀《せいき》
北《きた》アフリカからバーバリライオンが
ローマの都《みやこ》に戦利品《せんりひん》として連《つ》れていかれた……
コロッセオなどの競技場《きょうぎじょう》で剣闘士《けんとうし》と戦《たたか》わされ
見世物《みせもの》にされていたのである

かかって
こい!!
ウオオオ
なんで
半裸《はんら》?

ローマ帝国滅亡後《ていこくめつぼうご》
森林破壊《しんりんはかい》や
人間《にんげん》の狩《か》りによって
個体数《こたいすう》を減《へ》らし……

すまぬ
グワーッ

バーバリライオンは
すでに絶滅《ぜつめつ》した……
はずだったが？

バーバリ！（百獣《ひゃくじゅう》の）王《おう》の凱旋《がいせん》

1922年《ねん》、アトラス山脈《さんみゃく》で最後《さいご》の1頭《とう》が銃《じゅう》で射殺《しゃさつ》されて野生《やせい》のバーバリライオンは絶滅《ぜつめつ》したと考《かんが》えられていた……。

だが、なんとまだ生《い》き残《のこ》りがいたのである！
（モロッコ現国王《げんこくおう》の祖父《そふ》でもある）ムハンマド5世《せい》のプライベート動物園《どうぶつえん》で飼育《しいく》されていることが判明《はんめい》したのだ。それは王《おう》への忠誠《ちゅうせい》の証《あかし》として国《くに》の部族《ぶぞく》から贈《おく》られた数頭《すうとう》のバーバリライオンだった。

首都《しゅと》のラバト動物園《どうぶつえん》では開園直後《かいえんちょくご》に3頭《とう》のバーバリライオンが誕生《たんじょう》！

バーバリライオンの血統《けっとう》を絶《た》やさないよう今《いま》でも繁殖《はんしょく》が試《こころ》みられており、世界《せかい》の動物園《どうぶつえん》にいるバーバリライオンの約半数《やくはんすう》にあたる32頭《とう》が生活《せいかつ》している。

現在《げんざい》では王家《おうけ》の紋章《もんしょう》には王冠《おうかん》を守《まも》る2匹《ひき》のバーバリ（アトラス）ライオンが描《えが》かれ、サッカーのモロッコ代表《だいひょう》チームも「アトラスライオンズ」の愛称《あいしょう》で親《した》しまれている。

1956年《ねん》に国《くに》が独立《どくりつ》して以降《いこう》、動物園《どうぶつえん》のライオンはモロッコの数少《かずすく》ない歴史的《れきしてき》な文化財《ぶんかざい》である。
失《うしな》われた「百獣《ひゃくじゅう》の王《おう》」は今《いま》も人々《ひとびと》の大切《たいせつ》なシンボルとなっているのだ。

分類《ぶんるい》：哺乳綱食肉目《ほにゅうこうしょくにくもく》ネコ科《か》
全長《ぜんちょう》：3～4m　推定体重《すいていたいじゅう》：350kg
生息域《せいそくいき》：アフリカ北部《ほくぶ》
絶滅《ぜつめつ》：1922年《ねん》に野生《やせい》では絶滅《ぜつめつ》
備考《びこう》：多《おお》くのライオンはサバンナを好《この》むが、バーバリライオンは森林《しんりん》が好《す》きらしい。

新世紀《しんせいき》ゼツメツゲリオン

ピンタゾウガメ

〈*Chelonoidis abingdonii*〉

たったひとり残《のこ》された哀《かな》しきゾウガメ…？

ガラパゴス諸島《しょとう》のピンタ島《とう》に生息《せいそく》していたゾウガメ！
20世紀初頭《せいきしょとう》に絶滅《ぜつめつ》したと思《おも》われていたが
1971年《ねん》になって雄《おす》のゾウガメが見《み》つかった！

ひとりぼっちで暮《く》らしていたことから
ロンサム・ジョージ
（ひとりぼっちのジョージ）
と呼《よ》ばれた

絶滅《ぜつめつ》に向《む》かった原因《げんいん》は
人間《にんげん》が島《しま》に持《も》ち込《こ》んだ
ヤギが野生化《やせいか》し
ピンタゾウガメが食物《しょくもつ》とする
植物《しょくぶつ》を食《く》い荒《あ》らしたから？

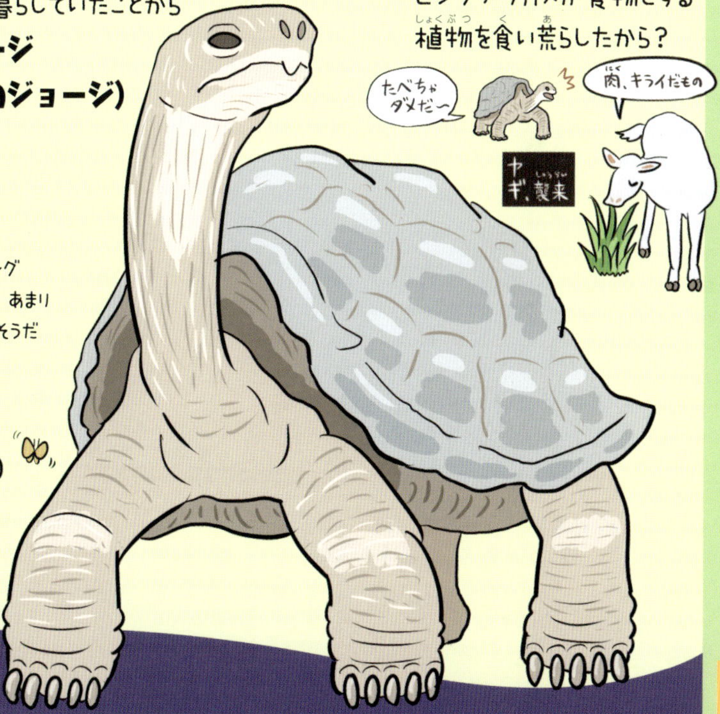
たべちゃダメだ〜
肉《にく》、キライだもの
ヤギ、襲来《しゅうらい》

亜種《あしゅ》の雌《めす》2頭《とう》とのペアリング
（繁殖《はんしょく》）も試《こころ》みられたが、あまり
雌《めす》に興味《きょうみ》を示《しめ》さなかったそうだ

ちょっと…。
ん〜
あんたバカ？
ん〜
だめだコリャ
瞬間《しゅんかん》、心《こころ》、重《かさ》ならず

だが2012年《ねん》6月《がつ》24日《にち》、
飼育係《しいくがかり》がジョージの様子《ようす》を見《み》にいったところ
動《うご》かないことに気付《きづ》き、死亡《しぼう》が確認《かくにん》された……

ぼくが死んでもかわりはいるもの…
いないよ…

推定《すいてい》100歳前後《さいぜんご》だったので
長生《ながい》きしたようだが
「若《わか》すぎる死《し》」ともいえる
（ピンタゾウガメの寿命《じゅみょう》は200歳《さい》）

どんな顔《かお》していいやら…
笑《わら》えばいいと思《お》うよ

ジョージの死《し》によりピンタゾウガメは絶滅《ぜつめつ》したと考《かんが》えられる……が？

ユーアー(ノット)アローン

世界一有名《せかいいちゆうめい》なピンタゾウガメのロンサム・ジョージはこの世《よ》を去《さ》った……。
だが！ジョージとよく似《に》た遺伝子《いでんし》をもつゾウガメが少《すく》なくとも17頭《とう》、ガラパゴス諸島《しょとう》のイサベラ島《とう》に生息《せいそく》しており、ジョージの死《し》によって絶滅《ぜつめつ》したとされた亜種《あしゅ》が生存《せいぞん》している可能性《かのうせい》が出《で》てきたという……。

LOVE
島《しま》の中心《ちゅうしん》でアイを叫《さけ》んだカメ

ドォオオン
ん？
マグマタートル

2008年《ねん》にイサベラ島《とう》のカメから採取《さいしゅ》した1600以上《いじょう》のDNAサンプルを分析《ぶんせき》し、ジョージのDNAと比較《ひかく》したところ、うち17頭《とう》がピンタゾウガメ種《しゅ》の遺伝子《いでんし》をもつ混血種《こんけつしゅ》だと判明《はんめい》した。
「イサベラ島《とう》のウォルフ火山《かざん》にさらに多《おお》くの交配種《こうはいしゅ》が生息《せいそく》しており、純粋種《じゅんすいしゅ》がいる可能性《かのうせい》もある」と国立公園《こくりつこうえん》管理局《かんりきょく》は述《の》べる。

ゾウガメはガラパゴス諸島《しょとう》の生態系《せいたいけい》にとって極《きわ》めて重要《じゅうよう》な動物《どうぶつ》だ。
植物《しょくぶつ》の種子《しゅし》を拡散《かくさん》したり樹木《じゅもく》やサボテンを食物《しょくもつ》にしたりすることで、生態系《せいたいけい》のバランスを調整《ちょうせい》する役割《やくわり》を担《にな》っている。
ピンタゾウガメの復活《ふっかつ》は島全体《しまぜんたい》にとっても大《おお》きな意味《いみ》がある。

サボテン
サービス サービスゥ
ムシャ
ムシャ
いたくないの？
トゲ…

ここどこ…

ジョージの一生《いっしょう》は確《たし》かに孤独《こどく》だったかもしれない……。
だがゆったりと歩《ある》く大《おお》きな姿《すがた》はいまだ多《おお》くの人《ひと》に愛《あい》され続《つづ》け、ガラパゴスの大自然《だいしぜん》のシンボルにさえなっている。
ジョージが「最後《さいご》の」ピンタゾウガメになるかどうかは我々人類《われわれじんるい》にかかっているといえるだろう……。

分《ぶん》　類《るい》：爬虫綱《はちゅうこう》カメ目《もく》リクガメ科《か》
全《ぜん》　長《ちょう》：1.2～1.3ｍ
推定体重《すいていたいじゅう》：雄《おす》…270～320kg、雌《めす》…130～180kg
生息域《せいそくいき》：ガラパゴス諸島《しょとう》（ピンタ島《とう》）　絶《ぜつ》　滅《めつ》：2012年《ねん》6月《がつ》24日《にち》
備《び》　考《こう》：絶滅《ぜつめつ》した原因《げんいん》には、その肉《にく》を狙《ねら》った船乗《ふなの》りたちによる乱獲《らんかく》もあったようだ。

タスマニア虎狼《ころう》

フクロオオカミ

〈*Thylacinus cynocephalus*〉

人類《じんるい》とディンゴに敗《やぶ》れたオーストラリアの有袋類《ゆうたいるい》

「タスマニアタイガー」とも「タスマニアウルフ」とも呼《よ》ばれるが

トラでもなくオオカミでもなく「有袋類《ゆうたいるい》」だ！

前門《ぜんもん》の虎《タイガー》、後門《こうもん》の狼《ウルフ》

ドーーン
我《われ》は タスマニア タイガー
ジャーーン
我《われ》は タスマニア ウルフ
どっちも同《おな》じ じゃねーか

更新世《こうしんせい》に出現《しゅつげん》した種《しゅ》でオーストラリアでは3000年前《ねんまえ》に絶滅《ぜつめつ》したがタスマニアでは1936年《ねん》まで生《い》きていた

外見《がいけん》はオオカミによく似《に》ており生態系《せいたいけい》で**オオカミ同様《どうよう》の地位《ちい》**を占《し》めた

西《にし》オーストラリアの洞窟《どうくつ》から5000年前《ねんまえ》のミイラが見《み》つかった

ワラビー、ポッサム、鳥類《ちょうるい》、時《とき》に**大型《おおがた》のカンガルー**まで食《た》べていたという

動《うご》きは素早《すばや》く**2〜3m**もジャンプできたこっそり獲物《えもの》に飛《と》びかかるぞ！

ウフーッ
ガルルル

人類《じんるい》がオーストラリア区《く》へ移住《いじゅう》する際《さい》にディンゴ（野犬《やけん》の一種《いっしゅ》）を持《も》ち込《こ》んだ

ワク ワク
DINGO
なんだ オメー

社会性《しゃかいせい》をもたないフクロオオカミは知能《ちのう》で勝《まさ》るディンゴとの競争《きょうそう》には勝《か》てず……

ぐぬぬ
グワーッ

1770年《ねん》キャプテン・クックがオーストラリアにやってきて以来《いらい》ハイエナと呼《よ》ばれて敵視《てきし》されてしまう……

BANG
ハイエナめ
ちがうっての

1930年代《ねんだい》、野生《やせい》の個体《こたい》は絶滅《ぜつめつ》する……

甦《よみがえ》れ！絶滅《ぜつめつ》のフクロ小路《こうじ》から

フクロオオカミの最後《さいご》の1頭《とう》が1936年《ねん》9月《がつ》7日《にち》にタスマニア州《しゅう》の動物園《どうぶつえん》で死《し》んだ。
これでフクロオオカミは絶滅《ぜつめつ》したとされる……。

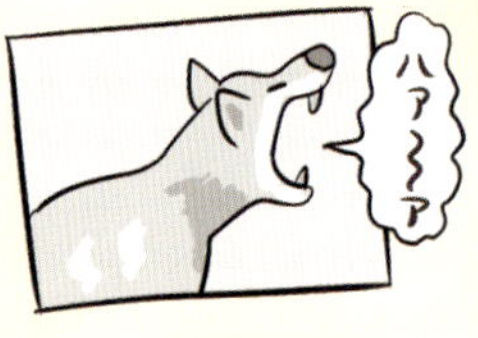

ハア〜〜ア

てきとうか

今《いま》も残《のこ》る白黒《しろくろ》の映像《えいぞう》

雌《めす》だがなぜか「ベンジャミン」（男性名《だんせいめい》）と呼《よ》ばれていた……。

だが108年前《ねんまえ》のフクロオオカミの赤《あか》ちゃんの標本《ひょうほん》から奇跡的《きせきてき》に保存状態《ほぞんじょうたい》のよいDNAが抽出《ちゅうしゅつ》できたおかげで**フクロオオカミの全《ぜん》ゲノムが解読《かいどく》された！**
いわば「遺伝子《いでんし》の設計図《せっけいず》」となるゲノムの解読《かいどく》はフクロオオカミのクローンをつくったり種《しゅ》を復活《ふっかつ》させたりするための大《おお》きな一歩《いっぽ》となる！

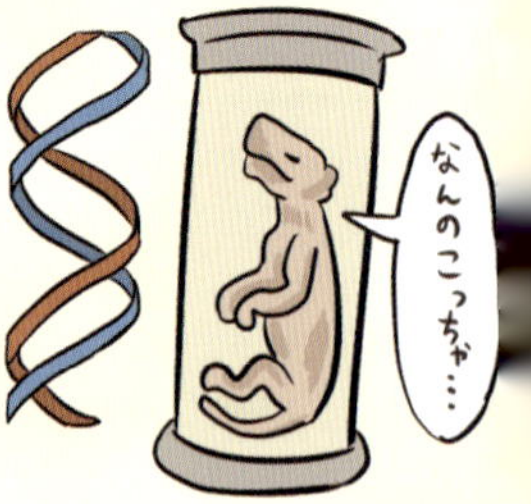

なんのこっちゃ…

母親《ははおや》の「袋《ふくろ》」の中《なか》から取《と》り出《だ》されて保存《ほぞん》されていた幼体《ようたい》13体《たい》のうち1体《たい》から抽出《ちゅうしゅつ》

モアよドードーよ
永遠《えいえん》に…？

フクロオオカミの絶滅《ぜつめつ》は人類《じんるい》に責任《せきにん》があることが明白《めいはく》な例《れい》だ。リョコウバトと同《おな》じく復活《ふっかつ》させるべき動物《どうぶつ》の候補《こうほ》として優先順位《ゆうせんじゅんい》は高《たか》いといえそうだ。

正《ただ》しく機能《きのう》するゲノム全体《ぜんたい》をつくることは容易《ようい》ではないが、いつかフクロオオカミを完全《かんぜん》に再現《さいげん》できる日《ひ》が来《く》るかもしれない。
とはいえ、そもそも絶滅動物《ぜつめつどうぶつ》を復活《ふっかつ》させることは正《ただ》しいことなのか？という議論《ぎろん》の余地《よち》はある……。
また、それが絶滅《ぜつめつ》したフクロオオカミそのものなのかも別《べつ》の話《はなし》だが……。

なにがでるかな
福袋
フクブクロオオカミ

分《ぶん》　類《るい》：哺乳綱《ほにゅうこう》フクロネコ目《もく》フクロオオカミ科《か》
全《ぜん》　長《ちょう》：1～1.3ｍ　推定体重《すいていたいじゅう》：30㎏
生息域《せいそくいき》：オーストラリアのタスマニア島《とう》
絶《ぜつ》　滅《めつ》：1936年《ねん》
備《び》　考《こう》：「タスマニアタイガー」の異名《いみょう》は背中《せなか》に縞模様《しまもよう》があることから。

ストロングキツネザル

メガラダピス

〈*Megaladapis edwardsi*〉

マダガスカル島《とう》にすむ奇妙《きみょう》な巨大原猿類《きょだいげんえんるい》!

今《いま》まで知《し》られている原猿類《げんえんるい》のうち最大《さいだい》の動物《どうぶつ》だ

現在《げんざい》でいう

キツネザルのなかま

キツネザル
へ〜

大《おお》きな犬歯《けんし》と

巨大《きょだい》な臼歯《きゅうし》をもち

主《おも》に木《き》の葉《は》や果実《かじつ》、

花《はな》などを食《た》べていた

熱帯雨林《ねったいうりん》に

小《ちい》さな群《む》れを

つくってすんでいた

夜《よる》はひとかたまりになって

枝《えだ》の上《うえ》で眠《ねむ》った

体長《たいちょう》は1.5m

にもなった

喉《のど》をふるわせてあげる大《おお》きな

吠《ほ》え声《ごえ》は**人間《にんげん》の叫《さけ》び声《ごえ》にも**

聞《き》こえたという

オ゛オ゛オオン
あお〜ん
つられた

にてるかな…

コアラに似《に》ていたという説《せつ》もある

英語《えいご》で「コアラレムール」

(コアラキツネザル)

キツネザル・アイランド

アフリカからマダガスカルに渡《わた》ったキツネザルの祖先《そせん》は、多様《たよう》な環境《かんきょう》に適応《てきおう》して進化《しんか》し、多《おお》くの種類《しゅるい》が誕生《たんじょう》した。

類人猿《るいじんえん》
チンパンジー
テナガザル
シファカ
インドリ
原猿類《げんえんるい》

ゴリラ

メガラダピス

マダガスカル島《とう》の中《なか》だけで、
テナガザルのように樹上《じゅじょう》で暮《く》らすシファカ、
数頭《すうとう》のペアか家族《かぞく》で暮《く》らすインドリ、
そしてゴリラのように大《おお》きなメガラダピスがいた。

世界最小《せかいさいしょう》のベルテネズミキツネザルもいる。

?

マダガスカルが「キツネザルの島《しま》」と呼《よ》ばれる所以《ゆえん》である……。
天敵《てんてき》のいない孤島《ことう》で、キツネザルたちはのびのびと繁栄《はんえい》を遂《と》げた。

だが約《やく》2000年前《ねんまえ》、東南《とうなん》アジアから船《ふね》で移動《いどう》してきたヒトが森《もり》を切《き》り開《ひら》いて家畜《かちく》を放《はな》し、メガラダピスを狩《か》りはじめた……。

約《やく》500年前《ねんまえ》、ついにメガラダピスは絶滅《ぜつめつ》してしまった。

一方《いっぽう》18世紀《せいき》まで生《い》き残《のこ》っていたという説《せつ》もあり、地元《じもと》の人々《ひとびと》の中《なか》にはまだメガラダピスが生《い》きていると信《しん》じている人《ひと》さえいる……。

人類《じんるい》の来襲《らいしゅう》を受《う》けてもなおマダガスカルは神秘《しんぴ》の「キツネザルの島《しま》」なのだ……。

どっちがいい？
きつねうどん
ざるうどん
まよう
キツネザル

分《ぶん》　類《るい》：哺乳綱霊長目《ほにゅうこうれいちょうもく》キツネザル科《か》
全《ぜん》　長《ちょう》：1.5ｍ　推定体重《すいていたいじゅう》：80kg
生息域《せいそくいき》：アフリカ（マダガスカル）　絶《ぜつ》　滅《めつ》：1500年頃《ねんごろ》
備《び》　考《こう》：頭蓋骨《とうがいこつ》の長《なが》さは30cmにも達《たっ》したが、脳《のう》が入《はい》る部分《ぶぶん》が小《ちい》さかったため、知能《ちのう》はゴリラなどよりは高《たか》くなかったようだ。

空《そら》を埋《う》め尽《つ》くす影《かげ》はいま

リョコウバト 〈*Ectopistes migratorius*〉

あんなに大量《たいりょう》のハトが絶滅《ぜつめつ》するわけない……

北《きた》アメリカに生息《せいそく》していた渡《わた》り鳥《どり》！

「旅行《りょこう》バト」の名前《なまえ》どおり五大湖《ごだいこ》からメキシコ湾岸《わんがん》まで**約《やく》100kmにもなる渡《わた》りをする**

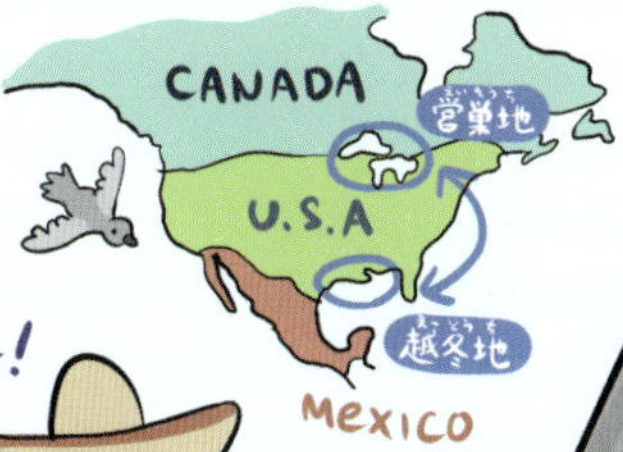

CANADA
営巣地《えいそうち》
U.S.A
越冬地《えっとうち》
MEXICO

翼《つばさ》を動《うご》かす筋肉《きんにく》が発達《はったつ》

筋肉はすべてを解決《かいけつ》する──

フン

Let's TRAVEL!
グワーッ
たしかな
はごたえ
尖《とが》った尾羽《おばね》

味《あじ》は美味《びみ》だったらしい……

そしてリョコウバトはなんと**「鳥《とり》の歴史上《れきしじょう》で最《もっと》も生息数《せいそくすう》が多《おお》い鳥《とり》」**だったといわれている……！ 一説《いっせつ》によると最盛期《さいせいき》の生息数《せいそくすう》は**50億羽《おくば》**に達《たっ》していたとされるぞ！

リョコウバトの群《む》れが渡《わた》りをするさまは空《そら》を真《ま》っ黒《くろ》に埋《う》め尽《つ》くす圧巻《あっかん》の光景《こうけい》だったという……

ジーザス

3羽《わ》
100円《えん》

これほど圧倒的《あっとうてき》な個体数《こたいすう》を誇《ほこ》っていた動物《どうぶつ》がこの世《よ》から姿《すがた》を消《け》すなど絶対《ぜったい》にありえない気《き》もするが……？

なげうり

消《き》え去《さ》った史上最多《しじょうさいた》の鳥《とり》

鳥《とり》の歴史上最《れきしじょうもっと》も多《おお》く存在《そんざい》したといわれるリョコウバト……。
にもかかわらずなぜ絶滅《ぜつめつ》してしまったのだろう……？

開拓時代《かいたくじだい》と呼《よ》ばれる1800年代《ねんだい》……。
リョコウバトのすむ森林《しんりん》や原野《げんや》が
次々《つぎつぎ》に開発《かいはつ》されていった……。

すみかを奪《うば》われたハトは
畑《はたけ》などの農作物《のうさくもつ》を荒《あ》らし回《まわ》り、
農民《のうみん》に目《め》の敵《かたき》にされるようになる。

そして、各地《かくち》でリョコウバト狩《が》りが
過熱《かねつ》していった。

狩猟者《しゅりょうしゃ》たちは
樽《たる》いっぱいの
リョコウバトを
列車《れっしゃ》に詰《つ》め込《こ》んだ

588樽《たる》
重《おも》さ5万《まん》kg
価格《かかく》3489ドル

と伝票《でんぴょう》に書《か》いて
あったほど

保存技術《ほぞんぎじゅつ》に輸送手段《ゆそうしゅだん》……。
新《あたら》しいテクノロジーが新《あたら》しい市場《しじょう》をつくり出《だ》し、
さらに捕獲技術《ほかくぎじゅつ》が向上《こうじょう》するにしたがって、
狩《か》りはより大規模《だいきぼ》に行《おこな》われるようになった。
囮《おとり》と網《あみ》を使《つか》って毎年膨大《まいとしぼうだい》な数《かず》(数十万羽《すうじゅうまんば》)のハトがとらえられたという……。

1914年《ねん》9月《がつ》1日《にち》13時《じ》、
シンシナティ動物園《どうぶつえん》で飼育《しいく》されていた
リョコウバトのマーサが
29歳《さい》の生涯《しょうがい》を終《お》えた日《ひ》、
リョコウバトという種《しゅ》は絶滅《ぜつめつ》した。

「数《かず》が多《おお》いんだから絶滅《ぜつめつ》するわけない」。
そんな思《おも》い込《こ》みが完全《かんぜん》に間違《まちが》っていることを
リョコウバトは人類《じんるい》に身《み》をもって示《しめ》してくれている……。

分《ぶん》　類《るい》：鳥綱《ちょうこう》ハト目《もく》ハト科《か》　　全《ぜん》　長《ちょう》：42cm
推定体重《すいていたいじゅう》：260～340g　　生息域《せいそくいき》：北《きた》アメリカ大陸東岸《たいりくとうがん》
絶《ぜつ》　滅《めつ》：1906年《ねん》野生絶滅《やせいぜつめつ》、1914年《ねん》に完全《かんぜん》に絶滅《ぜつめつ》
備《び》　考《こう》：現在《げんざい》、マーサのはく製《せい》からDNAを取《と》り出《だ》し、リョコウバトを復活《ふっかつ》させようという試《こころ》みがなされている。

コツコツ絶滅《ぜつめつ》!?

アメリカハシジロキツツキ

<*Campephilus principalis*>

分類《ぶんるい》：鳥綱《ちょうこう》キツツキ目《もく》キツツキ科《か》

全長《ぜんちょう》：46～51㎝ / 推定体重《すいていたいじゅう》：450～570 g / 生息域《せいそくいき》：北《きた》アメリカ南東部《なんとうぶ》 / 絶滅《ぜつめつ》：1967年《ねん》？

北《きた》アメリカの広大《こうだい》な原生林《げんせいりん》に生息《せいそく》していたキツツキ！

ウウーッ
ドスリ
これでひとつ…
おぬしもワルよの…
はいリンゴ

赤《あか》いカンムリのような
羽冠《うかん》が特徴《とくちょう》

アニメ「ウッドペッカー」のモデルになった

ハハハハハ
ワライキツツキ

その巨大《きょだい》なくちばしで大木《たいぼく》にすむ甲虫《こうちゅう》（カブトムシなど）の幼虫《ようちゅう》などを食《た》べていた

くちばしは先住民《せんじゅうみん》の装飾品《そうしょくひん》となったり物々交換《ぶつぶつこうかん》の品《しな》として利用《りよう》されたりしていたという

その体《からだ》の大《おお》きさゆえに、巣《す》をつくるためには大《おお》きな木《き》が必要《ひつよう》だった
しかし森林開発《しんりんかいはつ》によって大木《たいぼく》が減少《げんしょう》し、数《かず》が大幅《おおはば》に減《へ》ってしまう
そしてついに**約《やく》50年前《ねんまえ》**
絶滅《ぜつめつ》が宣言《せんげん》された……

おわかりいただけるだろうかー
!?

だがなんと2005年《ねん》に
アーカンソー州《しゅう》の沼地《ぬまち》で
動《うご》くハシジロキツツキの姿《すがた》を捉《とら》えた
衝撃的《しょうげきてき》なビデオ映像《えいぞう》が撮影《さつえい》された！

これによりアメリカハシジロキツツキの生存説《せいぞんせつ》が盛《も》り上《あ》がったがいまだに決定的《けっていてき》な生存《せいぞん》の証拠《しょうこ》はなく、ビデオに映《うつ》っていたのは別種《べっしゅ》のエボシクマゲラだった…という生存否定説《せいぞんひていせつ》も根強《ねづよ》い

コンコン
コンコン
エボシクマゲラ
あれ？

アメリカハシジロキツツキは木《き》の幹《みき》をつつくとき叩《たた》く音《おと》が2回《かい》連続《れんぞく》して聞《き》こえてくるという説《せつ》も……
今《いま》もその音《おと》は森《もり》の奥《おく》で響《ひび》いているのだろうか……？

生《い》きウシ生《い》けるウマ

ウシウマ

<*Equus caballus*>

分類《ぶんるい》：哺乳綱奇蹄目《ほにゅうこうきていもく》ウマ科《か》

全長《ぜんちょう》：体高《たいこう》 120㎝ / **推定体重《すいていたいじゅう》**：不明《ふめい》 / **生息域《せいそくいき》**：日本《にほん》（種子島《たねがしま》） / **絶滅《ぜつめつ》**：1946 年《ねん》

種子島《たねがしま》で飼育《しいく》されていた世界的《せかいてき》に珍《めずら》しいウマ！

前髪《まえがみ》、たてがみ、尻尾《しっぽ》の毛《け》が少《すく》ない点《てん》で
ウシに似《に》ているとされ
「ウシウマ」と名付《なづ》けられた

にてる…?
めしうま

たねがしまの音楽隊《おんがくたい》
パー
プー
ポー
ピ～
おもい

1931年《ねん》（昭和《しょうわ》6年《ねん》）
「珍獣《ちんじゅう》」として
天然記念物《てんねんきねんぶつ》となった

皮膚《ひふ》が薄《うす》いのも珍《めずら》しい特徴《とくちょう》

もとは日本《にほん》の
ウマではなく、
1598年 慶長《けいちょう》の役《えき》で島津義弘《しまづよしひろ》が
10頭《とう》あまり朝鮮《ちょうせん》から連《つ》れてきた

種子島《たねがしま》で繁殖《はんしょく》に成功《せいこう》し1870年頃《ねんごろ》
50頭《とう》になる

尾《お》には毛《け》がないため
虫《むし》を追《お》い払《はら》うのも
一苦労《ひとくろう》だったという……

ブン
UZAI
ブン

だが公牧《こうぼく》が廃止《はいし》されすべての
ウシウマが民間《みんかん》に払《はら》い下《さ》げられたことで
（一般農家《いっぱんのうか》では飼育《しいく》が難《むずか》しかったので）
数《かず》が激減《げきげん》！

1889年《ねん》には島内《とうない》には
雄《おす》1頭《とう》だけとなる……

さみしい…

その後《ご》は大富豪《だいふごう》・田上七之助《たがみしちのすけ》がウシウマの
再生《さいせい》に取《と》り組《く》み24頭《とう》ものウシウマを生産《せいさん》
したものの、最後《さいご》の1頭《とう》が**昭和《しょうわ》21年《ねん》**
（1946年《ねん》）に**死亡《しぼう》**……
ウシウマは絶滅《ぜつめつ》してしまった……

ざんねん

鉄砲《てっぽう》などの外来文化《がいらいぶんか》を受《う》け入《い》れ発展《はってん》させてきた種子島《たねがしま》……
ウシウマの存在《そんざい》はビターな思《おも》い出《で》として語《かた》り継《つ》がれていくことだろう

モウ会《あ》えぬウシ?

オーロックス

<*Bos primigenius*>

分類《ぶんるい》：哺乳綱鯨偶蹄目《ほにゅうこうげいぐうていもく》ウシ科《か》

全長《ぜんちょう》：2.5～3.1 m / **推定体重《すいていたいじゅう》**：600～1000kg / **生息域《せいそくいき》**：ヨーロッパ、北《きた》アメリカ、アジア / **絶滅《ぜつめつ》**：1627年《ねん》

家畜《かちく》であるウシの祖先《そせん》に当《あ》たる野牛《やぎゅう》！

数万年前《すうまんねんまえ》から有史時代《ゆうしじだい》まで
ユーラシア大陸南部《たいりくなんぶ》の草原《そうげん》や
森林《しんりん》に生息《せいそく》した

ツノの両端《りょうはじ》の幅《はば》は最大《さいだい》**1.5m**

ホラアナライオンに捕食《ほしょく》
されていた可能性《かのうせい》が高《たか》い

ラスコーの壁画《へきが》にも
描《えが》かれている

西暦《せいれき》700年《ねん》には
フランスの王族《おうぞく》が
特権的《とっけんてき》に
狩《か》りをしていた

乱獲《らんかく》や
農地開発《のうちかいはつ》、
伝染病《でんせんびょう》などに
よって数《かず》を減《へ》らし、
ついに**1627年《ねん》のある日《ひ》**
ポーランドの森《もり》で1頭《とう》の年老《としお》いた
雌《めす》が死《し》んでいるのが発見《はっけん》され、
それを最後《さいご》にオーロックスは
絶滅《ぜつめつ》してしまったようだ

遺伝的《いでんてき》にオーロックスと近《ちか》い牛《うし》を使《つか》い交配《こうはい》によって
「原種《げんしゅ》に見《み》える」
種《しゅ》を生《う》み出《だ》そう
とする試《こころ》みもある

とはいえ仮《かり》に成功《せいこう》してもそれは外見《がいけん》だけの話《はなし》……
やはり絶滅《ぜつめつ》を防《ふせ》ぐことが何《なに》より大切《たいせつ》である

亜熱帯《あねったい》の島《しま》の歌姫《うたひめ》

オガサワラマシコ

<*Chaunoproctus ferreorostris*>

分類《ぶんるい》：鳥綱《ちょうこう》スズメ目《もく》アトリ科《か》

全長《ぜんちょう》：17～19㎝ / **推定体重《すいていたいじゅう》**：不明《ふめい》 / **生息域《せいそくいき》**：日本《にほん》（小笠原諸島《おがさわらしょとう》）/ **絶滅《ぜつめつ》**：1828年《ねん》

小笠原諸島《おがさわらしょとう》に生息《せいそく》していた美《うつく》しい小鳥《ことり》！

きれいな声《こえ》で鳴《な》いたことで知《し》られる

ひとカラ
とんで いきた
い～な～

マシコのなかまたち
ベニマシコ
ギンザンマシコ
オオマシコ

頭《あたま》のサイズに比《くら》べても
大《おお》きなくちばしが目立《めだ》つ

ちなみに「マシコ」は
「猿子《ましこ》」と書《か》く

赤《あか》い顔《かお》やお尻《しり》を
連想《れんそう》させる
から……？

ん？

1828年《ねん》に捕獲《ほかく》されたのを
最後《さいご》に記録《きろく》がなく、絶滅《ぜつめつ》した
と考《かんが》えられている

絶滅《ぜつめつ》の理由《りゆう》は
よくわかっていない……

人間《にんげん》を恐《おそ》れなかったこともあり
美《うつく》しい声《こえ》と姿《すがた》をもつオガサワラマシコは
捕《つか》まえられてしまったのだろうか……？
だが食用《しょくよう》にもならない小鳥《ことり》が乱獲《らんかく》の対象《たいしょう》になったとは考《かんが》えにくい

絶滅《ぜつめつ》の要因《よういん》は人間《にんげん》が外部《がいぶ》から持《も》ち込《こ》んだ動物《どうぶつ》だと推測《すいそく》される
卵《たまご》や雛《ひな》を狙《ねら》う**ドブネズミ**も脅威《きょうい》だが、捕食者《ほしょくしゃ》の筆頭格《ひっとうかく》は
何《なん》といっても**イエネコ**だ……！

チュ～ッ
ニャ～～ッ
ウワ～～ッ

イエネコは現在《げんざい》の動物界《どうぶつかい》で最《もっと》も恐《おそ》ろしいハンター……
それは街《まち》でも島《しま》でも世界中《せかいじゅう》のどこでも変《か》わらないのである

わしが猫塾塾長《ねこじゅくじゅくちょう》
猫島《ねこじま》ニャン八《ぱち》
である――っ
魁《さきがけ》!! 猫塾《ねこじゅく》
よそでやって

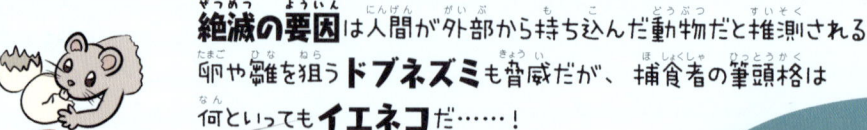

ゴーン・ガエル

オレンジヒキガエル

<*Bufo periglenes*>

分類《ぶんるい》：両生綱無尾目《りょうせいこうむびもく》ヒキガエル科《か》

全長《ぜんちょう》：5㎝前後《ぜんご》 / **推定体重《すいていたいじゅう》**：不明《ふめい》 / **生息域《せいそくいき》**：コスタリカ / **絶滅《ぜつめつ》**：1989年《ねん》

美《うつく》しいオレンジ色《いろ》の体色《たいしょく》をもつカエル！

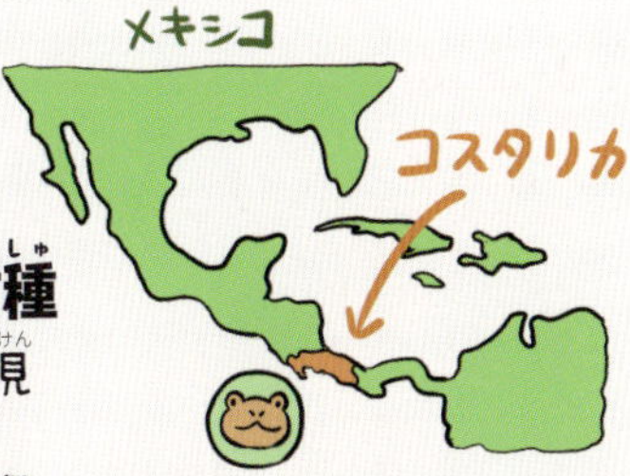
メキシコ
コスタリカ

英語《えいご》では
「ゴールデン・トード」
（黄金《おうごん》のヒキガエル）

コスタリカの**固有種《こゆうしゅ》**
1966年《ねん》に発見《はっけん》

全長《ぜんちょう》5cm

くらい
オス
メス
げこ げこ げこ げこ
くわっ くわっ くわっ
しーん…
しずまりカエル

雌《めす》の背中《せなか》には
赤《あか》い斑紋《はんもん》

4～6月《がつ》の
繁殖期以外《はんしょくきいがい》は
ずっと地下《ちか》に隠《かく》れて
暮《く》らしていた？

繁殖期《はんしょくき》になると一斉《いっせい》に現《あらわ》れて
熱帯雨林《ねったいうりん》をオレンジ色《いろ》に
染《そ》めていたが……

あるときからぱったりと姿《すがた》を消《け》し、
1989年《ねん》の目撃情報《もくげきじょうほう》が
最後《さいご》となった

干《かん》ばつや**カエルツボカビ症《しょう》**の流行《りゅうこう》、**紫外線《しがいせん》の増加《ぞうか》**などが重《かさ》なって
絶滅《ぜつめつ》したという説《せつ》が有力《ゆうりょく》だが…

まだ絶滅《ぜつめつ》が100%確定《かくてい》したとはいえず
「再発見《さいはっけん》が最《もっと》も期待《きたい》される10種《しゅ》」のうちの
一種《いっしゅ》にも挙《あ》げられている

おまたせ～
カエルの夜《よ》明《あ》けじゃあ～

まるでオレンジ色《いろ》の夕日《ゆうひ》が沈《しず》むかのように姿《すがた》を消《け》したヒキガエル……
朝日《あさひ》が昇《のぼ》るごとく再《ふたた》び姿《すがた》を現《あらわ》すときが来《く》るのだろうか……？

バット・アイム・ハングリー

グアムオオコウモリ

<*Pteropus tokudae*>

分類《ぶんるい》：哺《ほ》乳綱翼手目《にゅうこうよくしゅもく》オオコウモリ科《か》

全長《ぜんちょう》：40cm程度《ていど》 / **推定体重《すいていたいじゅう》**：不明《ふめい》 / **生息域《せいそくいき》**：グアム島《とう》 / **絶滅《ぜつめつ》**：1968年《ねん》

グアム島《とう》に生息《せいそく》していた大《おお》きなコウモリ！

英語《えいご》で**グアム・フライング・フォックス**（飛《と》び狐《ぎつね》）

FLYING FOX

フルーツつめあわせ

果実《かじつ》や花《はな》の蜜《みつ》を食《た》べていた

オオコウモリは
フルーツコウモリとも
呼《よ》ばれる

肉《にく》が
美味《びみ》だった
ことで知《し》られる！

昼間《ひるま》は木《き》にぶら下《さ》がって眠《ねむ》る

先住民《せんじゅうみん》にはもともと
ポピュラーな食材《しょくざい》だったが
グアム島《とう》が人気《にんき》になるとともに
オオコウモリ料理《りょうり》は
グアム島《とう》の名物料理《めいぶつりょうり》として有名《ゆうめい》になり
乱獲《らんかく》によって個体数《こたいすう》が激減《げきげん》した

BANG

1968年《ねん》に
撃《う》ち落《お》とされたのが
最後《さいご》の1匹《ぴき》だった……

ビーフ or
チキン or
コウモリ？
コウモリ

だが現在《げんざい》もオオコウモリ料理《りょうり》の人気《にんき》は衰《おとろ》えず
別《べつ》の場所《ばしょ》から**オオコウモリを輸入《ゆにゅう》**してまで
食文化《しょくぶんか》を存続《そんぞく》させているという……

人類《じんるい》の**食欲《しょくよく》**と**好奇心《こうきしん》**は種全体《しゅぜんたい》を絶滅《ぜつめつ》に追《お》いやってしまうほど強大《きょうだい》だ……

二足《にそく》のワラビー

シマワラビー

〈Macropus greyi〉

分類《ぶんるい》：哺乳綱双前歯目《ほにゅうこうそうぜんしもく》カンガルー科《か》

全長《ぜんちょう》：約《やく》76～84㎝ / **推定体重《すいていたいじゅう》**：不明《ふめい》 / **生息域《せいそくいき》**：オーストラリア / **絶滅《ぜつめつ》**：1937年《ねん》

オーストラリア南部《なんぶ》に生息《せいそく》していたカンガルー科《か》の有袋類《ゆうたいるい》！

1846年《ねん》に発見《はっけん》された際《さい》には
かなりの数《かず》が生息《せいそく》していた

カンガルーとワラビーの違《ちが》いは
ほぼ「大《おお》きさ」のみで明確《めいかく》な定義《ていぎ》はない

課長《かちょう》 シマワラビー

シマ
です
私《わたし》も

そうなんだ…
しらなんだ
カンガルー
体長《たいちょう》76
～84cm
ワラビー

中間《ちゅうかん》くらいの大《おお》きさの
「ワラルー」もいる

だが19世紀《せいき》に
ヨーロッパからの
移住者《いじゅうしゃ》が増《ふ》えたことで
開拓《かいたく》と狩猟《しゅりょう》が頻発《ひんぱつ》！

さらに害獣《がいじゅう》として
農家《のうか》に嫌《きら》われ
賞金《しょうきん》をかけられて、
多《おお》くのワラビーが
殺《ころ》されてしまう

それに追《お》い打《う》ちをかけた
のがオーストラリアに
入《はい》り込《こ》んだ肉食動物《にくしょくどうぶつ》だ

力強《ちからづよ》い筋肉《きんにく》に
敏捷《びんしょう》な動《うご》きを兼《か》ね備《そな》える
アスリート並《な》みの
身体能力《しんたいのうりょく》

長《なが》い尾《お》でバランスをとる

KON

移住者《いじゅうしゃ》たちが狩猟《しゅりょう》クラブをつくって
アカギツネを船《ふね》で運《はこ》び込《こ》み
オーストラリアに放《はな》してしまった！

増殖《ぞうしょく》したアカギツネたちの前《まえ》に
ワラビーたちはなす術《すべ》もなかった……

ついに1937年頃《ねんごろ》姿《すがた》を消《け》してしまう……

わらってー！
いいね
たのしそうで
ほろんでないし
クアッカ
ワラビー

トラよ永遠《とわ》に

ジャワトラ

<*Panthera tigris sondaica*>

分類《ぶんるい》：哺乳綱食肉目《ほにゅうこうしょくにくもく》ネコ科《か》

全長《ぜんちょう》：2.5 m / **推定体重《すいていたいじゅう》**：100 ～ 140kg / **生息域《せいそくいき》**：インドネシア（ジャワ島《とう》）/ **絶滅《ぜつめつ》**：1980 年代《ねんだい》

インドネシアのジャワ島《とう》に生息《せいそく》していたトラ！

スマトラトラ
スマトラ島
ジャワ島《とう》
ジャワトラ
軽《けい》トラ

現地《げんち》では**農作物《のうさくもつ》や家畜《かちく》を荒《あ》らすトラ**としても知《し》られており

狩《か》られたり毒殺《どくさつ》されたりした……

毛皮《けがわ》も
取引《とりひき》
される…

また農地開発《のうちかいはつ》などで

生息地《せいそくち》の熱帯雨林《ねったいうりん》が**減少《げんしょう》**し

シカをはじめとする**食物《しょくもつ》**も

減《へ》ったことから絶滅《ぜつめつ》への道《みち》を

辿《たど》った……

体長《たいちょう》は
2.5mほど
首回《くびまわ》りに
短《みじか》いたてがみ
シマは細《ほそ》い

1980年代《ねんだい》には絶滅《ぜつめつ》したと思《おも》われていたが、

バンテン州《しゅう》のウジュン・クロン国立公園《こくりつこうえん》は2017年《ねん》

ジャワトラが生存《せいぞん》している可能性《かのうせい》があるとして

本格的《ほんかくてき》な調査《ちょうさ》を始《はじ》めた

牛《うし》の死《し》がいも

写《うつ》っていたという……

なにみてんだ
トラ
いや コラ

パトロール中《ちゅう》にジャワトラらしき

動物《どうぶつ》を発見《はっけん》し写真《しゃしん》も撮影《さつえい》できた

ということだ……

スマトラトラも
だいじにね…
絶滅危惧種《ぜつめつきぐしゅ》

もしも生息《せいそく》が確認《かくにん》されれば

最後《さいご》の1頭《とう》が死《し》んでから**約《やく》30年《ねん》ぶりの再発見《さいはっけん》**となる

（ただしヒョウの間違《まちが》いである可能性《かのうせい》も無視《むし》できない）

世界的《せかいてき》に絶滅《ぜつめつ》の危機《きき》にさらされているトラ……

絶滅種《ぜつめつしゅ》が再発見《さいはっけん》されれば最高《さいこう》のニュースだが、続報《ぞくほう》を待《ま》とう……

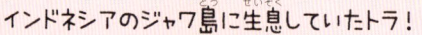

失《うしな》われしカワウソ?

ニホンカワウソ

<*Lutra lutra nippon*>(本州以南亜種《ほんしゅういなんあしゅ》)

分類《ぶんるい》：哺乳綱食肉目《ほにゅうこうしょくにくもく》イタチ科《か》

全長《ぜんちょう》：65～80㎝ / **推定体重《すいていたいじゅう》**：5～10㎏ / **生息域《せいそくいき》**：日本《にほん》 / **絶滅《ぜつめつ》**：2012年《ねん》

かつて**日本《にほん》に広《ひろ》く生息《せいそく》していたカワウソ！**

昭和《しょうわ》の初《はじ》め頃《ごろ》には**東京《とうきょう》の隅田川《すみだがわ》**などでも

見《み》ることができたという

たくさんの食物《しょくもつ》を食《た》べる

(日《ひ》に1kgの魚類《ぎょるい》や甲殻類《こうかくるい》)ため

河川《かせん》の水質悪化《すいしつあっか》で生《い》きづらくなったことや

人類《じんるい》の乱獲《らんかく》によって

数《かず》が減《へ》っていった……

ついに

2012年《ねん》8月《がつ》、

ひっそりと絶滅《ぜつめつ》が

宣言《せんげん》された

のだが…？

泳《およ》ぎがうまく人懐《ひとなつ》っこい
後《うし》ろあしで立《た》ち上《あ》がる姿《すがた》から
河童《かっぱ》のモデルとも

皿《さら》がない
やりなおし

獺祭《かわうそまつり》だ
ウェッヒ～
獺祭
日本酒《にほんしゅ》の
名前《なまえ》の由来《ゆらい》にも
なっている
「獺祭《だっさい》」ね

2017年《ねん》、長崎県《ながさきけん》の対馬《つしま》でカワウソがカメラに映《うつ》った！

？

ぱいぱい

生《い》きているカワウソが見《み》つかったこと自体《じたい》が

実《じつ》に38年《ねん》ぶりであり専門家《せんもんか》も沸《わ》き立《た》った

ひょっとするとニホンカワウソでは？

という声《こえ》も出《で》てきたが

韓国沿岸《かんこくえんがん》のユーラシアカワウソが流《なが》れ着《つ》いた

可能性《かのうせい》が大《おお》きい……

とはいえ本当《ほんとう》にニホンカワウソ

の生《い》き残《のこ》りなら……？

なんとも胸《むね》の高鳴《たかな》る話《はなし》だ

獺祭《だっさい》だってば
うぇーい☆
祭
まさに獺祭《かわうそまつり》
コツメカワウソ

新生代第四紀（完新世）

大空《おおぞら》の覇者《はしゃ》

ハーストイーグル

<*Harpagornis moorei*>

分類《ぶんるい》：鳥綱《ちょうこう》タカ目《もく》タカ科《か》

全長《ぜんちょう》：3 m / **推定体重《すいていたいじゅう》**：14kg / **生息域《せいそくいき》**：ニュージーランド南島《みなみじま》 / **絶滅《ぜつめつ》**：1500 年頃《ねんごろ》

ニュージーランドに君臨《くんりん》した史上最《しじょうもっと》も大《おお》きな猛禽類《もうきんるい》！

別名《べつめい》：ハルパゴルニスワシ

翼《つばさ》を広《ひろ》げた大《おお》きさは **3m**にもなったという

時速《じそく》**80km**で動物《どうぶつ》や鳥《とり》に襲《おそ》いかかった！

!!
ジャイアントモアの幼鳥《ようちょう》を食《た》べていたという説《せつ》も……？
こわい
カカポなどの飛《と》べない鳥《とり》はもちろん捕食対象《ほしょくたいしょう》……
ザコめ…
まて〜
フン

ニュージーランドの陸生《りくせい》の哺乳動物《ほにゅうどうぶつ》はコウモリだけだったため
ハーストイーグルは哺乳類《ほにゅうるい》と競争《きょうそう》する必要《ひつよう》がなく**生態系《せいたいけい》の頂点《ちょうてん》に君臨《くんりん》**していた

だが島《しま》で最強《さいきょう》の鳥《とり》も、ある「哺乳類《ほにゅうるい》」には
敵《かな》わなかった……そう、**「ヒト」(マオリ族《ぞく》)である**

獲物《えもの》の動物《どうぶつ》が足《た》りなくなったことで
「史上最大《しじょうさいだい》のワシ」ハーストイーグルも
地球《ちきゅう》から姿《すがた》を消《け》すこととなった……

だがマオリ族《ぞく》にはハーストイーグルに由来《ゆらい》するとされる
Pouakai という大型猛禽類《おおがたもうきんるい》の**伝説《でんせつ》**が残《のこ》っている
その堂々《どうどう》たる姿《すがた》は末長《すえなが》く語《かた》り継《つ》がれているようだ……

アイアム
コウモリ
フン
アイアム
レジェンド

カモよ薔薇《ばら》のように

バライロガモ

<*Rhodonessa caryophyllacea*>

分類《ぶんるい》：鳥綱《ちょうこう》カモ目《もく》カモ科《か》

全長《ぜんちょう》：35㎝ / 推定体重《すいていたいじゅう》：0.8 ～ 1.4kg / 生息域《せいそくいき》：インド / 絶滅《ぜつめつ》：1950 年頃《ねんごろ》

インドの広大《こうだい》な湿原《しつげん》に生息《せいそく》していた色鮮《いろあざ》やかな潜水《せんすい》カモ！

ピンクのバラの~~大~~カモ

ガンジス河《がわ》

上流部《じょうりゅうぶ》に分布《ぶんぷ》

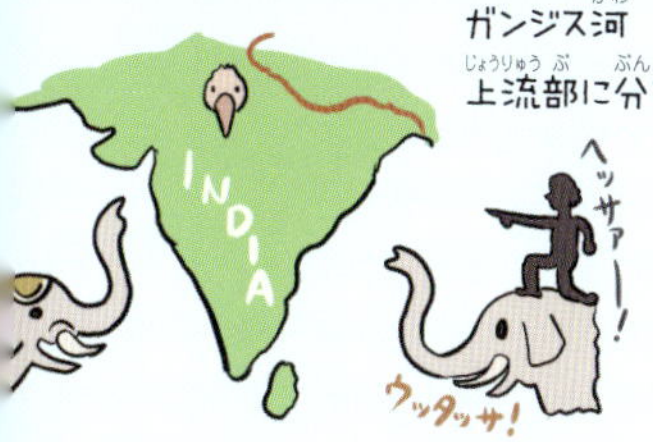
INDIA
ヘッサァー！
ウッタッサ！

頭《あたま》から首《くび》にかけて

バラのように

明《あか》るい

ピンク色《いろ》！

目《め》はオレンジ色《いろ》

水《みず》に潜《もぐ》って

魚《さかな》をとっていた

ウワーッ

水辺《みずべ》の近《ちか》くの

草《くさ》むらに

巣《す》をつくった

もともと生息数《せいそくすう》の少《すく》ない

珍《めずら》しい鳥《とり》だったが

肉《にく》や**羽毛《うもう》**に高額《こうがく》な値《ね》が

つきはじめると

乱獲《らんかく》などで次第《しだい》に姿《すがた》を

消《け》していく

最後《さいご》の1羽《わ》はインドのダージリン博物館《はくぶつかん》の学芸員《がくげいいん》が狩《か》ってしまったという……

と〜った
ぐったり

目撃情報《もくげきじょうほう》もほぼなく

1950年頃《ねんごろ》には確実《かくじつ》に

絶滅《ぜつめつ》したと考《かんが》えられる

もういない
けどね…
ずかん
インドのとり

1100

その美《うつく》しい体色《たいしょく》が愛《あい》されたゆえか

絶滅《ぜつめつ》してもなお切手《きって》や図鑑《ずかん》の表紙《ひょうし》を飾《かざ》ることもあり

インドの鳥《とり》を象徴《しょうちょう》する存在《そんざい》であり続《つづ》けている

新生代第四紀（完新世）

南《みなみ》の島《しま》のアライグマ

バルバドスアライグマ

<*Procyon gloveralleni*>

分類《ぶんるい》：哺乳綱食肉目《ほにゅうこうしょくにくもく》アライグマ科《か》

全長《ぜんちょう》：50㎝ / **推定体重《すいていたいじゅう》**：5 ～ 8kg / **生息域《せいそくいき》**：バルバドス島《とう》 / **絶滅《ぜつめつ》**：1970 年《ねん》

カリブ海《かい》の島国《しまぐに》「バルバドス」に生息《せいそく》したアライグマ

バルバドス

北《きた》アメリカなどのアライグマより
少《すこ》し小型《こがた》

ひくい
ひくいぐま

小《ちい》さな島《しま》だが
れっきとした
独立国家《どくりつこっか》

国旗《こっき》

BARBADOS
よっ

木《き》の穴《あな》にすんでいた

ザー…
息子《むすこ》よ…
やまない雨《あめ》はない
そりゃそうでしょ
ドライぐま

グレープフルーツの
原産国《げんさんこく》でもある

すっぱい
すっぱいぐま

18世紀中頃《せいきなかごろ》には
農作物《のうさくもつ》を荒《あ》らす害獣《がいじゅう》として
駆除《くじょ》の対象《たいしょう》に……

19～20世紀《せいき》には
国際的《こくさいてき》に毛皮貿易《けがわぼうえき》が発達《はったつ》し
珍《めず》しい毛皮《けがわ》が標的《ひょうてき》にされた

ぼうし
ひどい
ひどいぐま

他《ほか》にも

ペットとして**乱獲《らんかく》**……
農地開発《のうちかいはつ》による**生息地《せいそくち》の減少《げんしょう》**
さらに**狂犬病《きょうけんびょう》**の蔓延《まんえん》……
さまざまな苦難《くなん》にさらされて
1970年《ねん》には絶滅《ぜつめつ》したとされる……

バルバドスつらいぐま
つらい…

たくましさと知能《ちのう》を併《あわ》せもち現代《げんだい》の都市《とし》で大繁栄《だいはんえい》を遂《と》げているアライグマでも、
悪条件《あくじょうけん》が重《かさ》なれば簡単《かんたん》に姿《すがた》を消《け》してしまうのだ……

チューチュートロピカル

ハワイミツスイの一種《いっしゅ》

キゴシクロハワイミツスイ

<Drepanis pacifica>

分類《ぶんるい》：鳥綱《ちょうこう》スズメ目《もく》アトリ科《か》

全長《ぜんちょう》：10 ～ 12㎝ / **推定体重《すいていたいじゅう》**：不明《ふめい》 / **生息域《せいそくいき》**：アメリカ ハワイ州《しゅう》 / **絶滅《ぜつめつ》**：1898 年《ねん》

ハワイ諸島《しょとう》にのみ生息《せいそく》していた小鳥《ことり》！

名前《なまえ》の通《とお》り花《はな》の蜜《みつ》を吸《す》って暮《く》らしていた

甘《あま》いミツすって生《い》きてるのね
ちゅ
その言《い》い方《かた》やめて

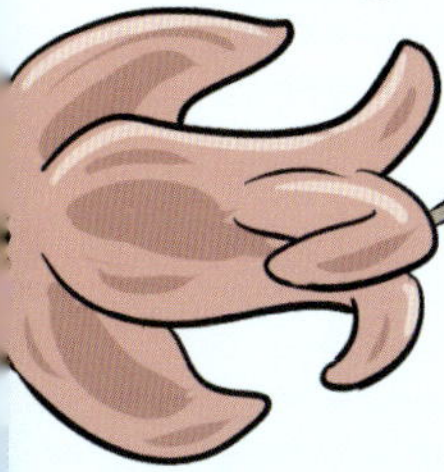

ハワイミツスイは**約《やく》32種《しゅ》**もいた

たようせい
アカハワイミツスイ
オウムハシハワイミツスイ
カマハシハワイミツスイ

くちばしの形《かたち》や長《なが》さは種類《しゅるい》によって異《こと》なる

下方《かほう》へ緩《ゆる》やかに曲《ま》がる**長《なが》いくちばし**

現地名《げんちめい》では「**マモ**」と呼《よ》ばれる

あれ!?
いつもの花《はな》は!?

自分《じぶん》のクチバシの形《かたち》に合《あ》った花《はな》の蜜《みつ》しか吸《す》えず、農地開発《のうちかいはつ》などによってその花《はな》が減《へ》ると生《い》きていけなくなった

コレジャナイ…
んなこといわれても

また、**装飾用《そうしょくよう》**に古《ふる》くから乱獲《らんかく》されていたこともあり1898年《ねん》に絶滅《ぜつめつ》してしまった

ウ〜〜〜ン

フフ…

キゴシクロハワイミツスイの黒地《くろじ》に黄色《きいろ》の羽《はね》は特《とく》に人気《にんき》だった…

人間《にんげん》が持《も》ち込《こ》んだ鳥《とり》マラリアや鳥《とり》ポックスなどの**熱帯特有《ねったいとくゆう》の伝染病《でんせんびょう》**も絶滅《ぜつめつ》の理由《りゆう》のひとつだったという

美《うつく》しき南国《なんごく》を優雅《ゆうが》に舞《ま》う鳥《とり》たちの世界《せかい》は実《じつ》に**繊細《せんさい》なバランス**で成《な》り立《た》っていたのである……

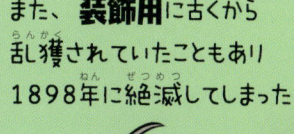

絶滅《ぜつめつ》へのジェットコースター

ヒースヘン（ニューイングランドソウゲンライチョウ）

〈*Tympanuchus cupido cupido*〉
分類《ぶんるい》：鳥綱《ちょうこう》キジ目《もく》キジ科《か》

全長《ぜんちょう》：40㎝ / 推定体重《すいていたいじゅう》：900 g / 生息域《せいそくいき》：ニューイングランド地方《ちほう》 / 絶滅《ぜつめつ》：1932 年《ねん》

ソウゲンライチョウとも呼《よ》ばれる

ニホンライチョウ
ライ
ラ
ラ〜イ
ゴォオオオオオ
グワーッ

18世紀後半《せいきこうはん》まで
栄養《えいよう》のある安価《あんか》な食用《しょくよう》の
肉《にく》として重宝《ちょうほう》されて
いた……

ニューイングランドの
ヒースという植物《しょくぶつ》の茂《しげ》る
荒地《あれち》に生息《せいそく》していたことが
名前《なまえ》の由来《ゆらい》

雌《めす》を惹《ひ》き付《つ》けるために雄《おす》は首《くび》の両側《りょうがわ》に
ある気嚢《きのう》を膨《ふく》らませてブーミングという
求愛行動《きゅうあいこうどう》を行《おこな》う

ブーン…
ブーン…
オス
あら
メス

食用《しょくよう》として乱獲《らんかく》され
1870年《ねん》頃《ごろ》には
個体数《こたいすう》が激減《げきげん》してしまった！

しかし「**ヒースヘン保護区《ほごく》**」が
制定《せいてい》されたことで**1916年《ねん》**には
2000羽《わ》まで
個体数《こたいすう》が回復《かいふく》した……

だがなんと生息地《せいそくち》で大規模《だいきぼ》な自然火災《しぜんかさい》が起《お》こり再《ふたた》び減少《げんしょう》！
追《お》い打《う》ちをかけるように病気《びょうき》が蔓延《まんえん》したこともあり**1927年《ねん》**には**たった12羽《わ》**に……

そしてついに**1932年《ねん》**、ブーミング・ベンと名付《なづ》けられた
最後《さいご》の1羽《わ》が死《し》に、ヒースヘンは**絶滅《ぜつめつ》**した……
約《やく》20年《ねん》の間《あいだ》で悲《かな》しき運命《うんめい》を辿《たど》ったヒースヘン……
だが**最初《さいしょ》にアメリカ人《じん》が絶滅《ぜつめつ》から救《すく》おうとした鳥《とり》**として今《いま》でもその名《な》は記憶《きおく》に刻《きざ》まれている

COCCO NEWS
追悼《ついとう》……
ヒースヘンほろぶ
もえつきた…

1933年《ねん》4月《がつ》
新聞《しんぶん》に載《の》る

コンコンウルフ?

フォークランドオオカミ

〈*Dusicyon australis*〉

分類《ぶんるい》：哺《ほ》乳綱食肉目《にゅうこうしょくにくもく》イヌ科《か》

全長《ぜんちょう》：90 ～ 100㎝ / **推定体重**《すいていたいじゅう》：20kg / **生息域**《せいそくいき》：フォークランド諸島《しょとう》 / **絶滅**《ぜつめつ》：1876 年《ねん》

フォークランド

フォークランド諸島《しょとう》にのみ生息《せいそく》していた動物《どうぶつ》！

キツネともオオカミともつかない見《み》た目《め》から

フォックスライクウルフとも呼《よ》ばれた

人間《にんげん》を全《まった》く恐《おそ》れず簡単《かんたん》に狩《か》ることができたので、

1834年《ねん》に島《しま》を訪《おとず》れた若《わか》きダーウィンは

「フォークランドオオカミはドードーのような運命《うんめい》をとげる…」

と予言《よげん》したが実際《じっさい》その通《とお》りになってしまった……

なにこれ
たべる?
スポンジ?
あぶらあげ

かわいいけど
ん?
ドードー

1876年《ねん》に撃《う》たれたものが最後《さいご》の一頭《いっとう》に……

やっぱりね…
老《ろう》ダーウィン

ウワーッ
ガンなど鳥《とり》を食《た》べた
体長《たいちょう》は約《やく》1m
毛並《けな》みは密《みつ》でやわらかい

フォークランドオオカミは島《しま》に定住《ていじゅう》する唯一《ゆいいつ》の在来《ざいらい》のイヌ科《か》の動物《どうぶつ》だった

なぜこのオオカミが南《みなみ》アメリカ大陸《たいりく》から500kmも離《はな》れた

フォークランド諸島《しょとう》にたどり着《つ》いたのかは**謎《なぞ》が多《おお》い**……

「野生化《やせいか》した飼《か》い犬《いぬ》か？」「流木《りゅうぼく》に乗《の》ったのでは？」など

その起源《きげん》には諸説《しょせつ》あったがいずれも根拠《こんきょ》は弱《よわ》かった

だが2009年《ねん》、**残《のこ》された毛皮《けがわ》からDNAが抽出《ちゅうしゅつ》**され

フォークランドオオカミは南《みなみ》アメリカで大型化《おおがたか》した

南《みなみ》アメリカ独自《どくじ》のイヌ科《か》の動物《どうぶつ》だったとわかった

そこで、氷河期《ひょうがき》に凍結《とうけつ》した氷原《ひょうげん》を渡《わた》って島《しま》にたどり着《つ》いたという説《せつ》も浮上《ふじょう》した

不思議《ふしぎ》な絶滅《ぜつめつ》オオカミは、**その歩《あゆ》みもまた不思議《ふしぎ》だ**……

どんぶらこ

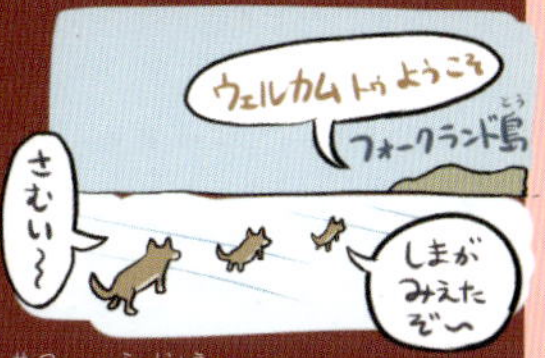
ウェルカムトゥようこそ
フォークランド島《とう》
さむい～
しまがみえたぞ～

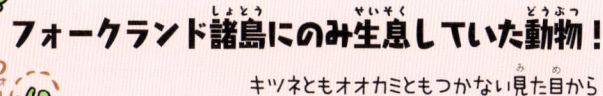

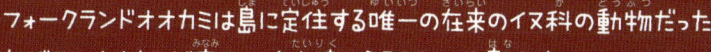

限《かぎ》りなくシカに見《み》えるブルー

ブルーバック

<Hippotragus leucophaeus>

分類《ぶんるい》：哺《ほ》乳綱鯨偶蹄目《にゅうこうげいぐうていもく》ウシ科《か》

全長《ぜんちょう》：1.8 ～ 2.1 m / 推定体重《すいていたいじゅう》：160kg / 生息域《せいそくいき》：南《みなみ》アフリカ / 絶滅《ぜつめつ》：1800 年《ねん》

青《あお》く美《うつく》しい体《からだ》をもち草原《そうげん》を駆《か》けた動物《どうぶつ》！

「青《あお》いシカ」と呼《よ》ばれたように
青《あお》みがかった美《うつく》しいグレーの毛皮《けがわ》をもつ

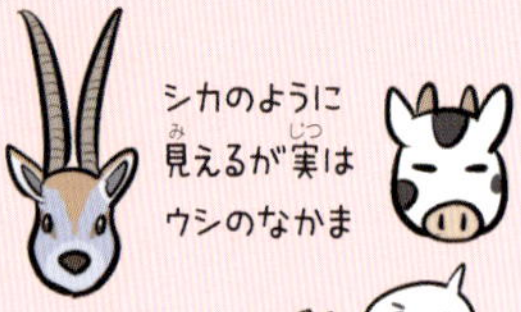
シカのように
見《み》えるが実《じつ》は
ウシのなかま
え～

ブルーバック
牧場《ぼくじょう》
も～～～

後方《こうほう》へゆるく
カーブしたツノ
あったか～い
取っ手
ブルーバック
コーヒー
短《みじか》いたてがみ

乾燥《かんそう》した草原《そうげん》や林《はやし》に
小《ちい》さな群《む》れをつくり
植物《しょくぶつ》の葉《は》などを食《た》べて
平和《へいわ》に暮《く》らしていた……

だが生息地《せいそくち》の南《みなみ》アフリカでは
金《きん》やダイヤモンドが多《おお》く
産出《さんしゅつ》したことで早《はや》くから
開発《かいはつ》が進《すす》められてきた

アフリカに
死《し》す

ブルーバックの**美《うつく》しい毛皮《けがわ》やツノには希少価値《きしょうかち》があった**
ため**狩猟《しゅりょう》やスポーツハンティングの対象《たいしょう》**となり
保護《ほご》されることもなく1800年《ねん》に絶滅《ぜつめつ》……！

ブルーバックは「**アフリカ最初《さいしょ》の絶滅大型《ぜつめつおおがた》哺乳類《ほにゅうるい》**」という
悲《かな》しい称号《しょうごう》を得《え》ることになってしまったのだ……

うれしくない

その美《うつく》しさゆえに散《ち》り

ミイロコンゴウインコ

〈*Ara tricolor*〉

分類《ぶんるい》：鳥綱《ちょうこう》インコ目《もく》インコ科《か》

全長《ぜんちょう》：40 ～ 50㎝ / **推定体重《すいていたいじゅう》**：不明《ふめい》 / **生息域《せいそくいき》**：西《にし》インド諸島《しょとう》 / **絶滅《ぜつめつ》**：1885 年《ねん》

極彩色《ごくさいしき》の羽《はね》が美《うつく》しい大型《おおがた》のインコ！

朝早《あさはや》く森《もり》の高《たか》いこずえに集《あつ》まり
お互《たが》いに鳴《な》き交《か》わして
夕方《ゆうがた》には自分《じぶん》のすみかに帰《かえ》った

LA LA INKO
ララ インコ

17 世紀《せいき》の
天国《てんごく》を描《えが》いた絵画《かいが》に
よく登場《とうじょう》した

頑丈《がんじょう》なくちばしで
硬《かた》い木《き》の実《み》も割《わ》る！

ミイロコンゴウインコはその美《うつく》しさゆえに絶大《ぜつだい》な人気《にんき》があった

17 世紀《せいき》の富裕層《ふゆうそう》はその美《うつく》しい羽毛《うもう》で
帽子《ぼうし》や服《ふく》を飾《かざ》った

ペットにするのも流行《りゅうこう》

頭《あたま》や舌《した》を珍味《ちんみ》として
食《た》べたという説《せつ》も？

あら ステキ

せまい

CHI《チ》 CHI《チ》 CHINMI《チンミ》
バァーーン

農地開発《のうちかいはつ》による伐採《ばっさい》で森林《しんりん》という逃《に》げ場《ば》を失《うしな》い
銃《じゅう》を持《も》つ人間《にんげん》の前《まえ》にミイロコンゴウインコはあっさり滅《ほろ》びてしまった
美《うつく》しい生《い》き物《もの》の最《もっと》も恐《おそ》ろしい天敵《てんてき》……それは何《なん》といっても**人類《じんるい》**なのだ

幻《まぼろし》のカワセミ?

ミヤコショウビン

<*Halcyon miyakoensis*>

分類《ぶんるい》：鳥綱《ちょうこう》ブッポウソウ目《もく》カワセミ科《か》

全長《ぜんちょう》：20㎝ / **推定体重《すいていたいじゅう》**：不明《ふめい》 / **生息域《せいそくいき》**：日本《にほん》（宮古島《みやこじま》） / **絶滅《ぜつめつ》**：1887年《ねん》

宮古島《みやこじま》にだけ生息《せいそく》していたカワセミのなかま！

英語名《えいごめい》
リュウキュウ
キングフィッシャー

なんと1887年《ねん》に宮古島《みやこじま》で採集《さいしゅう》された**たった1点《てん》の標本《ひょうほん》**しか残《のこ》っておらず他《ほか》に**観察《かんさつ》・採集《さいしゅう》・撮影《さつえい》の記録《きろく》などがひとつも存在《そんざい》しない！**

カッコイイ
シーサー

田代安定《たしろあんてい》
新発見《しんはっけん》
ほんと?

学者《がくしゃ》で冒険家《ぼうけんか》の田代安定《たしろあんてい》が宮古島《みやこじま》での調査中《ちょうさちゅう》に捕獲《ほかく》し標本《ひょうほん》として保管《ほかん》したとされる

1919年《ねん》には新種《しんしゅ》の鳥《とり》と認《みと》められて学名《がくめい》も与《あた》えられた

ウワーッ
アカハラ
ショウビンに
よく似《に》ている
そーね

だがそもそも「ミヤコショウビン」という種《しゅ》は存在《そんざい》せず、**たまたま宮古島《みやこじま》にたどり着《つ》いた（または）持《も》ち込《こ》まれたアカハラショウビンではないか？**という疑念《ぎねん》の声《こえ》もある

標本《ひょうほん》が1点《てん》しか存在《そんざい》せず発見者《はっけんしゃ》が残《のこ》した記録《きろく》も少《すく》ない以上《いじょう》ミヤコショウビンに関《かん》する議論《ぎろん》を進《すす》めるのは難《むずか》しい……

ミヤコショウビンは「**幻《まぼろし》の種《しゅ》**」なのか、それとも**実在《じつざい》した鳥《とり》**なのか……？

物言《ものい》わぬ標本《ひょうほん》は謎《なぞ》めいたベールに包《つつ》まれている……

ウワーッ
我《われ》思《おも》う…ゆえに我《わが》アリ
ってのはアリ?
カワセミさま

まさかの化石《かせき》

メガネウ

〈Phalacrocorax perspicillatus〉

分類《ぶんるい》：鳥綱《ちょうこう》ペリカン目《もく》ウ科《か》

全長《ぜんちょう》：1 m / **推定体重《すいていたいじゅう》**：6kg / **生息域《せいそくいき》**：ベーリング島《とう》〜日本《にほん》（青森県《あおもりけん》） / **絶滅《ぜつめつ》**：1850 年頃《ねんごろ》

ウのなかまのなかでは最大《さいだい》の鳥《とり》！

カムチャッカ半島東《はんとうひがし》の
ベーリング島《とう》に生息《せいそく》していた

ベーリング島《とう》

目《め》の周《まわ》りの
模様《もよう》が名前《なまえ》の由来《ゆらい》

北《きた》グルメ
ほう…カニですか

ウワーッ
ガツン
鵜《ウ》ワーーッ

飛《と》ぶのはあまり得意《とくい》ではなく、肉《にく》も美味《びみ》だったこともあり、**人間《にんげん》に狩《か》り尽《つ》くされてしまった**という可能性《かのうせい》が高《たか》い…

1850 年頃《ねんごろ》に絶滅《ぜつめつ》が
発表《はっぴょう》された…

メガネウは
ベーリング島《とう》の
固有種《こゆうしゅ》だと考《かんが》えられていた…

どんだば（びっくりした）
化石《かせき》

だがなんとベーリング島《とう》
から約《やく》2400km離《はな》れた
青森県《あおもりけん》の尻屋《しりや》で
メガネウの化石《かせき》が
見《み》つかったのだ！

★ベーリング島《とう》
ひろびろ
尻屋《しりや》

約《やく》12万年前《まんねんまえ》にはメガネウはベーリング島《とう》だけでなく
青森県《あおもりけん》を含《ふく》む広《ひろ》い範囲《はんい》に生息《せいそく》していたことが
わかったのである…！

気候変動《きこうへんどう》によって青森周辺《あおもりしゅうへん》の海域《かいいき》の食物《しょくもつ》が減少《げんしょう》したこともあり
人類《じんるい》に発見《はっけん》された時点《じてん》で既《すで》に生息域《せいそくいき》の大半《たいはん》を失《うしな》っていたようだ

小《ちい》さな化石《かせき》の発見《はっけん》によって**生《い》き物《もの》の歩《あゆ》み**が
全《まった》く異《こと》なるものとして**形《かたち》を変《か》える**こともあるのだ…！

ほう…あしですか
たべないでね

川《かわ》に可愛《かわい》いカワイルカいるか？

ヨウスコウカワイルカ

<*Lipotes vexillifer*>

分類《ぶんるい》：哺乳綱鯨偶蹄目《ほにゅうこうげいぐうていもく》ヨウスコウカワイルカ科《か》

全長《ぜんちょう》：2.3～2.6ｍ / **推定体重《すいていたいじゅう》**：160kg程度《ていど》 / **生息域《せいそくいき》**：中国《ちゅうごく》（揚子江《ようすこう》） / **絶滅《ぜつめつ》**：2006年《ねん》（機能的絶滅《きのうてきぜつめつ》）

2000万年《まんねん》にわたって長江《ちょうこう》に生息《せいそく》し「**長江《ちょうこう》の女神《めがみ》**」と呼《よ》ばれていたカワイルカのなかま！

カワイルカは世界《せかい》に4科《か》
長江《ちょうこう》の女神《めがみ》
你好《ニーハオ》
ヨウスコウ
ガンジス
アマゾン
オフ会《かい》やる？
ラプラタ
サーセン
グエエエエエ
バシャーン
ひゃっほう
!!

人間《にんげん》に捕獲《ほかく》されたりボートと衝突《しょうとつ》したりするなど事故《じこ》も多《おお》く、川沿《かわぞ》いの化学工場《かがくこうじょう》による川《かわ》の汚染《おせん》も減少《げんしょう》を加速《かそく》してしまった

視力《しりょく》は弱《よわ》く超音波《ちょうおんぱ》の反響《はんきょう》を使《つか》って獲物《えもの》を探《さが》す

20世紀末《せいきまつ》には個体数《こたいすう》が**激減《げきげん》**！
2002年《ねん》を最後《さいご》に確実《かくじつ》な目撃例《もくげきれい》は途絶《とだ》えていた

だが**2016年《ねん》**…
なんと自然保護活動家《しぜんほごかつどうか》と漁師《りょうし》たちが長江《ちょうこう》から元気《げんき》に飛《と》び上《あ》がるヨウスコウカワイルカを**目撃《もくげき》した**という…！

ただ中国《ちゅうごく》で唯一生存《ゆいいつせいぞん》が確認《かくにん》されるクジラ類《るい》「スナメリ」とヨウスコウカワイルカが間違《まちが》えられたこともあり専門家《せんもんか》は生存説《せいぞんせつ》に対《たい》して懐疑的《かいぎてき》だ…

スナメリ
お～い
いるか～
いないよ…
いないか
イルカ…

儚《はかな》い希望《きぼう》にすがるより、絶滅《ぜつめつ》が危《あや》ぶまれるスナメリの方《ほう》をまずは守《まも》るべきかもしれない

笑《わら》えぬ運命《うんめい》

ワライフクロウ

<*Sceloglaux albifacies*>

分類《ぶんるい》：鳥綱《ちょうこう》フクロウ目《もく》フクロウ科《か》

全長《ぜんちょう》：38 ～ 47㎝ / **推定体重**《すいていたいじゅう》：600 g / **生息域**《せいそくいき》：ニュージーランド / **絶滅**《ぜつめつ》：1914 年《ねん》

かつてニュージーランドに数多《かずおお》く生息《せいそく》していたフクロウ

人間《にんげん》**の笑**《わら》**い声**《ごえ》**のように聞**《き》**こえる独特**《どくとく》**の鳴**《な》**き声**《ごえ》が特徴《とくちょう》だった

ワライフクロウの鳴《な》き声《ごえ》を表現《ひょうげん》する

記述《きじゅつ》は**多種多様**《たしゅたよう》！

ホハハ
ホハハハーッ

食物《しょくもつ》は

小動物《しょうどうぶつ》など

ホハハ
ホハハハーッ
ウワーッ

陰気《いんき》な悲鳴《ひめい》をつなぎ合《あ》わせた

ような叫《さけ》び声《ごえ》

イヤァア
ヒィイイ

ばう
わう

犬《いぬ》が吠《ほ》える

ような声《こえ》

アアア
アン!?

二人《ふたり》の男《おとこ》が

喚《わめ》くような声《こえ》

……などなど

地面《じめん》に

巣《す》をつくった

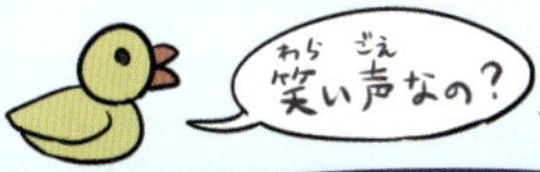
笑《わら》い声《ごえ》なの？

それは

人間《にんげん》がアナウサギを駆除《くじょ》するために

持《も》ち込《こ》んだ**フェレット**や**オコジョ**に

ワライフクロウは**捕食**《ほしょく》されてしまった……

1914年《ねん》には絶滅《ぜつめつ》したとされる

ホハアーッ

ホハハ
ホハハハ
ホハハハ
ハハーッ

ワライフクロウの「笑《わら》い声《ごえ》」が

森《もり》に響《ひび》くことは二度《にど》とない……

だが**自分**《じぶん》**たちを絶滅**《ぜつめつ》**に追**《お》**いやった人類**《じんるい》**がいつか**

滅《ほろ》**びゆくそのときを**高笑《たかわら》いしながら待《ま》っているかもしれ

ない……

新生代第四紀（完新世）

現在《げんざい》は六度目《ろくどめ》の大量絶滅期《たいりょうぜつめつき》！？

地球《ちきゅう》が誕生《たんじょう》し、生命《せいめい》が生《う》まれてから現在《げんざい》までに、生物《せいぶつ》の**大量絶滅《たいりょうぜつめつ》**は**５回《かい》**起《お》こっています。

回数《かいすう》	地質時代《ちしつじだい》・絶滅《ぜつめつ》が起《お》こった年代《ねんだい》		絶滅《ぜつめつ》した主《おも》な動物《どうぶつ》と絶滅率《ぜつめつりつ》
1	古生代《こせいだい》	オルドビス紀末《きまつ》 約《やく》４億《おく》4400万年前《まんねんまえ》	三葉虫《さんようちゅう》、腕足類《わんそくるい》、 サンゴ類《るい》など全生物種《ぜんせいぶつしゅ》の**85％が絶滅《ぜつめつ》**
2		デボン紀後期《きこうき》 約《やく》３億《おく》7400万年前《まんねんまえ》	ダンクルオステウスなど全生物種《ぜんせいぶつしゅ》の**82％が絶滅《ぜつめつ》**
3		ペルム紀末《きまつ》 約《やく》２億《おく》5100万年前《まんねんまえ》	地球上《ちきゅうじょう》の全生物種《ぜんせいぶつしゅ》の**90～95％が絶滅《ぜつめつ》**
4	中生代《ちゅうせいだい》	三畳紀末《さんじょうきまつ》 約《やく》２億年前《おくねんまえ》	アンモナイトや爬虫類《はちゅうるい》など全生物種《ぜんせいぶつしゅ》の**80％が絶滅《ぜつめつ》**
5		白亜紀末《はくあきまつ》 約《やく》6600万年前《まんねんまえ》	大型爬虫類《おおがたはちゅうるい》、恐竜類《きょうりゅうるい》など全生物種《ぜんせいぶつしゅ》の**70％が絶滅《ぜつめつ》**

そして現在《げんざい》では、**六度目《ろくどめ》の大量絶滅《たいりょうぜつめつ》の時代《じだい》**を迎《むか》えており、**人類《じんるい》を含《ふく》むすべての種《しゅ》が絶滅《ぜつめつ》の危機《きき》にさらされている**といわれています。その原因《げんいん》はいうまでもなく私《わたし》たち人類《じんるい》です。

今《いま》、地球《ちきゅう》では、人間活動《にんげんかつどう》によって自然環境《しぜんかんきょう》が破壊《はかい》され続《つづ》けています。森林《しんりん》の破壊《はかい》や化石燃料《かせきねんりょう》の大量消費《たいりょうしょうひ》により、大量《たいりょう》の二酸化炭素《にさんかたんそ》やメタンが大気中《たいきちゅう》に放出《ほうしゅつ》され、その結果《けっか》、**地球温暖化《ちきゅうおんだんか》**が進《すす》みました。この地球温暖化《ちきゅうおんだんか》の状態《じょうたい》が、過去《かこ》の**四度目《よんどめ》の大量絶滅《たいりょうぜつめつ》**（火山《かざん》が噴火《ふんか》し二酸化炭素《にさんかたんそ》などの温室効果《おんしつこうか》ガスが大量《たいりょう》に放出《ほうしゅつ》され、温暖化《おんだんか》が進《すす》んだことが原因《げんいん》）**と似《に》ている**というのです。

このままでは、**多《おお》くの生物《せいぶつ》は急変《きゅうへん》する環境《かんきょう》に適応《てきおう》できず、絶滅《ぜつめつ》する**といわれています。私《わたし》たち人類《じんるい》が、将来《しょうらい》このような本《ほん》に紹介《しょうかい》される日《ひ》がやってくるかもしれません。

「レッドデータブック」とは

野生生物《やせいせいぶつ》の専門家《せんもんか》が種《しゅ》の**絶滅《ぜつめつ》の危険度《きけんど》を評価《ひょうか》し、その結果《けっか》をリストにしたもの**を**レッドリスト**といい、レッドリストにあげられた種《しゅ》の**生息状況《せいそくじょうきょう》や存続《そんぞく》を脅《おびや》かしている原因《げんいん》などを解説《かいせつ》した本《ほん》**を**レッドデータブック**といいます。

IUCN（国際自然保護連合《こくさいしぜんほごれんごう》）レッドリスト※では、評価《ひょうか》した種《しゅ》を以下《いか》の８つに分類《ぶんるい》しています。

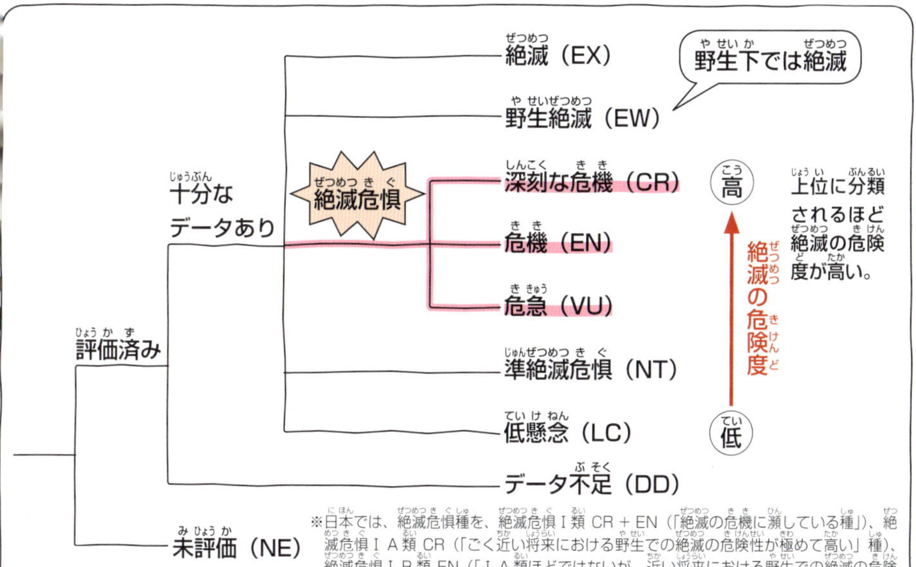
絶滅《ぜつめつ》（EX）
野生下《やせいか》では絶滅《ぜつめつ》
野生絶滅《やせいぜつめつ》（EW）
十分《じゅうぶん》なデータあり
絶滅危惧《ぜつめつきぐ》
深刻《しんこく》な危機《きき》（CR）
危機《きき》（EN）
危急《ききゅう》（VU）
高《こう》
低《てい》
絶滅《ぜつめつ》の危険度《きけんど》
上位《じょうい》に分類《ぶんるい》されるほど絶滅《ぜつめつ》の危険度《きけんど》が高《たか》い。
評価済《ひょうかず》み
準絶滅危惧《じゅんぜつめつきぐ》（NT）
低懸念《ていけねん》（LC）
データ不足《ぶそく》（DD）
未評価《みひょうか》（NE）

※日本《にほん》では、絶滅危惧種《ぜつめつきぐしゅ》を、絶滅危惧《ぜつめつきぐ》Ⅰ類《るい》 CR＋EN（「絶滅《ぜつめつ》の危機《きき》に瀕《ひん》している種《しゅ》」）、絶《ぜつ》滅《めつ》危《き》惧《ぐ》ⅠA類《るい》 CR（「ごく近《ちか》い将来《しょうらい》における野生《やせい》での絶滅《ぜつめつ》の危険性《きけんせい》が極《きわ》めて高《たか》い」種《しゅ》）、絶滅危惧《ぜつめつきぐ》ⅠB類《るい》 EN（「ⅠA類《るい》ほどではないが、近《ちか》い将来《しょうらい》における野生《やせい》での絶滅《ぜつめつ》の危険《きけん》性《せい》が高《たか》い」種《しゅ》）、絶滅危惧《ぜつめつきぐ》Ⅱ類《るい》 VU（「絶滅《ぜつめつ》の危険《きけん》が増大《ぞうだい》している種《しゅ》」）に分類《ぶんるい》している。

2017年《ねん》12月現在《がつげんざい》、IUCNでは、地球上《ちきゅうじょう》に存在《そんざい》し、名前《なまえ》がつけられている**約《やく》190万種《まんしゅ》**の生物《せいぶつ》のうち**9万《まん》1523種《しゅ》**の生物《せいぶつ》（動植物《どうしょくぶつ》や菌類《きんるい》も含《ふく》む）を評価《ひょうか》し、**2万《まん》5821種《しゅ》を絶滅危惧種《ぜつめつきぐしゅ》**としました。2017年度《ねんど》の発表《はっぴょう》では、日本《にほん》のシマアオジなど、**ランクが「危急《ききゅう》」→「深刻《しんこく》な危機《きき》」に上《あ》がったものもいる**一方《いっぽう》、次《じ》ページのような**保全活動《ほぜんかつどう》の結果《けっか》**、ノースアイランドブラウンキーウィのように、**ランクが「危《き》機《き》」→「危急《ききゅう》」に下《さ》がった**ものもいるなど、嬉《うれ》しいニュースもありました。今後《こんご》も絶滅危《ぜつめつき》惧種《ぐしゅ》の指定《してい》から外《はず》れる生物《せいぶつ》を増《ふ》やしていけるように、私《わたし》たち人類《じんるい》は努力《どりょく》を続《つづ》ける必要《ひつよう》があるでしょう。

ジャイアントパンダ
危惧種《きぐしゅ》→危急種《ききゅうしゅ》へ！
ひとまずよかった
一方《いっぽう》で
ヒガシゴリラは
「深刻《しんこく》な危機《きき》」に…
おれはよくない

No.
Date ・ ・

絶滅《ぜつめつ》を食《く》い止《と》めるために

レッドリストに掲載《けいさい》されている種《しゅ》について、**世界各国《せかいかっこく》でさまざまな保全活動《ほぜんかつどう》が行《おこな》われており**、一定《いってい》の成果《せいか》をあげている生物《せいぶつ》もいます。次《つぎ》の表《ひょう》はその一例《いちれい》です。

生物種《せいぶつしゅ》	状況《じょうきょう》と主《おも》な保全活動《ほぜんかつどう》	成果《せいか》
クロアシイタチ	1996年《ねん》に野生絶滅《やせいぜつめつ》したとされていたが、飼育《しいく》して繁殖《はんしょく》させる活動《かつどう》が行《おこな》われ、6000頭以上《とういじょう》が飼育下《しいくか》で誕生《たんじょう》している。	2008年《ねん》に「野生絶滅《やせいぜつめつ》(EW)」から「危機《きき》(EN)」へダウンリスト
ブルーイグアナ	一時《いちじ》は野生《やせい》の個体数《こたいすう》が25頭以下《とういか》になってしまっていたが、飼育《しいく》して繁殖《はんしょく》させるなどの活《かつ》動《どう》により、600匹以上《ひきいじょう》の個体《こたい》が誕生《たんじょう》し、保《ほ》護地域《ごちいき》に放《はな》された。	「深刻《しんこく》な危機《きき》(CR)」
チベットアンテロープ	毛皮《けがわ》のために乱獲《らんかく》され、1990年代《ねんだい》には多《おお》く見《み》積《つ》もっても7万《まん》2500頭《とう》まで減少《げんしょう》していたが、密猟者《みつりょうしゃ》への対策《たいさく》が進《すす》められ、10万《まん》～15万頭《まんとう》まで回復《かいふく》した。	2016年《ねん》には「危機《きき》(EN)」から「準絶滅危惧《じゅんぜつめつきぐ》(NT)」にダウンリスト、「絶滅危惧種《ぜつめつきぐしゅ》」から外《はず》れる
マヨルカサンバガエル	捕食者《ほしょくしゃ》による捕食《ほしょく》や生息場所《せいそくばしょ》をめぐった競《きょう》争《そう》、開発《かいはつ》などによって生息数《せいそくすう》が減少《げんしょう》していたが、捕食者《ほしょくしゃ》を取《と》り除《のぞ》く保全《ほぜん》プログラム、飼《し》育《いく》・繁殖《はんしょく》と再導入《さいどうにゅう》、その他《た》の保全運動《ほぜんうんどう》が行《おこな》われた。	2006年《ねん》には「深刻《しんこく》な危機《きき》(CR)」から「危急《ききゅう》(VU)」にダウンリスト
コスミレコンゴウインコ	国際取引《こくさいとりひき》などにより、1983年《ねん》の推定生息《すいていせいそく》数《すう》は60羽程度《わていど》だった。現在《げんざい》はワシントン条《じょう》約《やく》とブラジルの法律《ほうりつ》で保護《ほご》されている。また、繁殖地《はんしょくち》では監視《かんし》を行《おこな》い、密猟者《みつりょうしゃ》や密輸者《みつゆしゃ》、採《さい》集者《しゅうしゃ》の取《と》り締《し》まりが進《すす》められている。	2009年《ねん》に「深刻《しんこく》な危機《きき》(CR)」から「危機《きき》(EN)」へダウンリスト

ほかにもさまざまな取《と》り組《く》みが行《おこな》われており、**絶滅《ぜつめつ》の危機《きき》から救《すく》われた動物《どうぶつ》たちが増《ふ》えつつあります**。私《わたし》たち人類《じんるい》の身勝手《みがって》でいなくなってしまう動物《どうぶつ》がこれ以上《いじょう》増《ふ》えないよう、地球《ちきゅう》にすむ生物《せいぶつ》の一員《いちいん》としてできることを考《かんが》えていかねばならないでしょう。

あとがき

ウワーッ！(←挨拶《あいさつ》。)なんかへんな好奇心《こうきしん》にあふれた、ゆかいな人間《にんげん》どもの皆様《みなさま》、こんにちは。絶滅《ぜつめつ》の使者《ししゃ》ぬまがさワタリです。『絶滅《ぜつめつ》どうぶつ図鑑《ずかん》』、お楽《たの》しみいただけたでしょうか。

それにしても「絶滅《ぜつめつ》」…なんと恐《おそ》ろしく、力強《ちからづよ》い響《ひび》きでしょう。絶望《ぜつぼう》の絶《ぜつ》に、破滅《はめつ》の滅《めつ》。たとえ漢字《かんじ》の読《よ》めないお子様《こさま》であっても「二度《にど》と取《と》り返《かえ》しのつかないヤバイ何《なに》か」という強烈《きょうれつ》な雰囲気《ふんいき》は、その字面《じづら》と響《ひび》きから感《かん》じ取《と》れるかもしれません。言葉《ことば》のパワーがインフレ気味《ぎみ》な現《げん》代《だい》においてさえ、まさしくパワーワードと呼《よ》ぶにふさわしい言葉《ことば》…。それが「絶滅《ぜつめつ》」です。

地球《ちきゅう》の生《い》きものには歴史上《れきしじょう》、５回《かい》の大絶滅《だいぜつめつ》が訪《おとず》れました。その地球規模《ちきゅうきぼ》の大《だい》ピンチは「ビッグ５」という妙《みょう》にカッコいい名前《なまえ》で呼《よ》ばれています。「ビッグ５」でいちばん最近《さいきん》のものは恐《きょう》竜《りゅう》の絶滅《ぜつめつ》です。恐竜《きょうりゅう》にしてみれば数多《あまた》の苦難《くなん》をくぐりぬけて地球《ちきゅう》の覇権《はけん》を握《にぎ》ったのに、隕石《いんせき》の衝突《しょうとつ》(諸説《しょせつ》ありますが)などという絶対《ぜったい》に避《さ》けられない出来事《できごと》を理由《りゆう》に滅《ほろ》んでしまうなんて、「なんてこった」じゃ済《す》まないほどの理不尽《りふじん》ですが…。

私《わたし》たち人間《にんげん》はそんなベリーハードな大絶滅《だいぜつめつ》を、信《しん》じがたいような幸運《こううん》と悪運《あくうん》によってなんとか生《い》き抜《ぬ》いて、進化《しんか》してきた生《い》きものたちの子孫《しそん》なのです。

しかし地球《ちきゅう》に、どうやら六度《ろくど》めの大絶滅《だいぜつめつ》が訪《おとず》れつつあるようです。映画《えいが》のタイトル風《ふう》にいうと「大絶滅《だいぜつめつ》６」ですね。６作目《さくめ》…いや６回目《かいめ》となる今回《こんかい》の大絶滅《だいぜつめつ》の敵役《てきやく》は、どんな巨大隕石《きょだいいんせき》か、大怪獣《だいかいじゅう》か、はたまた未知《みち》のウィルスか。もちろんどれでもありません。真《しん》のラスボスは、私《わたし》たち人間《にんげん》です。

人間《にんげん》の最《もっと》も恐《おそ》ろしい能力《のうりょく》を一言《ひとこと》で表《あらわ》せば、それはなんといっても「知性《ちせい》」です。人間《にんげん》は「知《ち》性《せい》」を手《て》にしてから、いろいろな道具《どうぐ》や武器《ぶき》をつくったり、集団《しゅうだん》で協力《きょうりょく》して他《た》のどうぶつを罠《わな》にはめたり、軽々《かるがる》と場所《ばしょ》を移動《いどう》したりすることで、地球《ちきゅう》という舞台《ぶたい》で「勝《か》ち」続《つづ》けてきました。それほどまでに「知性《ちせい》」は圧倒的《あっとうてき》なアドバンテージなのです（どうぶつたちにも人間《にんげん》の理解《りかい》の及《およ》ばないような、どうぶつなりの知性《ちせい》があるのですが）。

人間《にんげん》がそのご立派《りっぱ》な「知性《ちせい》」を使《つか》って、ステラーダイカイギュウやオオウミガラスにした酷《ひど》い仕打《しう》ちを知《し》り「人間《にんげん》ども、許《ゆる》せねえ…！」と憤《いきどお》った、心《こころ》ある読者《どくしゃ》の皆様《みなさま》も多《おお》いことでしょう。人間《にんげん》は自分《じぶん》の欲望《よくぼう》を満《み》たすために他《た》のどうぶつたちを殺《ころ》し続《つづ》け、ついには絶滅《ぜつめつ》まで追《お》い込《こ》んでしまう生《い》きもの。ざんねんどころか残忍《ざんにん》な生《い》きもの。過去《かこ》を振《ふ》り返《かえ》ればその認識《にんしき》は、正《ただ》しいとしか言《い》えません。

しかし同時《どうじ》に、滅《ほろ》んでしまったどうぶつのことを語《かた》り継《つ》いだり、どんな暮《く》らしをしていたかを化石《かせき》から想像《そうぞう》してみたり、絶滅《ぜつめつ》どうぶつの本《ほん》を読《よ》んでみたり、同《おな》じ過《あやま》ちを繰《く》り返《かえ》さないように気《き》をつけたり、そして実際《じっさい》にどうぶつを絶滅《ぜつめつ》から救《すく》ったりできる生《い》きものも、また人間《にんげん》だけなのです。本当《ほんとう》に人間《にんげん》とは一筋縄《ひとすじなわ》ではいかない、複雑《ふくざつ》な生《い》きものではありませんか…。

人間《にんげん》は「知性《ちせい》」によって、地球《ちきゅう》でいちばんロクでもない生《い》きものになってしまったと同時《どうじ》に、また「知性《ちせい》」によって、地球《ちきゅう》でいちばんナイスな生《い》きものになれる可能性《かのうせい》も秘《ひ》めています。こうした本《ほん》を読《よ》むことも、そんなナイスな生《い》きものに近《ちか》づく一歩《いっぽ》となるかもしれません。ぜひ本《ほん》を片手《かたて》に博物館《はくぶつかん》へ出《で》かけてみたり、さらに専門的《せんもんてき》な本《ほん》を読《よ》んだりして、かつて地球《ちきゅう》で生《せい》を謳歌《おうか》していたユニークなどうぶつたちの姿《すがた》を思《おも》い描《えが》いてみてください。幾度《いくど》もの大絶滅《だいぜつめつ》をくぐり抜《ぬ》けてきた、地球《ちきゅう》のどうぶつたちと私《わたし》たち人間《にんげん》どもの未来《みらい》に、これからも祝福《しゅくふく》があらんことを…。

ぬまがさワタリ

参考文献

『新版　絶滅哺乳類図鑑』（丸善）
『古第三紀・新第三紀・第四紀の生物』上下巻（技術評論社）
『太古の哺乳類展』図録（国立科学博物館）
『絶滅動物データファイル』（祥伝社）
『絶滅した奇妙な動物』１・２（ブックマン社）
『すごい古代生物』（キノブックス）
『謎の絶滅動物たち』（大和書房）
『学研まんが新・ひみつシリーズ　絶滅動物のひみつ』１～４（学研教育出版）
『絶滅動物調査ファイル』（実業之日本社）
『絶滅動物最強王図鑑』（学研プラス）
『ナショナルジオグラフィック』日本版サイト

STAFF

編　　集　中野志穂（株式会社エディット）
企画・装丁　福ヶ迫昌信（株式会社エディット）
組　　版　株式会社千里

絶滅《ぜつめつ》どうぶつ図鑑《ずかん》
拝啓《はいけい》　人類《じんるい》さま　ぼくたちぜつめつしました

発行日　2018 年 10 月 17 日　第 1 刷

著　者　ぬまがさワタリ
監　修　松岡敬二
発行人　井上 肇
編　集　堀江由美
発行所　株式会社パルコ
エンタテインメント事業部
東京都渋谷区宇田川町 15-1
03-3477-5755
https://publishing.parco.jp
印刷・製本　図書印刷株式会社

ISBN978-4-86506-280-9 C8045
Printed in Japan

落丁本・乱丁本は購入書店を明記のうえ、小社編集部あてにお送りください。
送料小社負担にてお取り替えいたします。
〒150-0045 東京都渋谷区神泉町 8-16　渋谷ファーストプレイス
パルコ出版　編集部